TELLERWÄCHTE

Hans Zippert
Die Tellerwächter

Hans Zippert
Michael Sowa

Die Tellerwächter

oder

Wer das Wetter wirklich macht

sanssouci

Unser gesamtes lieferbares Programm und
viele andere Informationen finden Sie unter
www.sanssouci-verlag.de

1 2 3 4 5 12 11 10 09 08

ISBN 978-3-8363-0082-7

Einbandgestaltung: Birgit Schweitzer, München,
unter Verwendung eines Motivs von Michael Sowa
Lithos: Meta Services, Berlin
Satz im Verlag
Druck und Bindung: Kösel, Krugzell
Printed in Germany

Himmelblauer Besuch

Wie jeden Mittag sitzt die Familie Kantsteiner beim Essen und wie jeden Mittag gibt es Ärger.

»Was ist denn das für ein Ekelfraß«?, ruft Marc.

Auch Sara verdreht die Augen: »Bist du sicher, dass man das essen kann? Ich hab' so was schon mal in einer Heimwerkersendung gesehen, da haben sie damit Fenster abgedichtet und Löcher im Holz zugemacht ...«

»Das ist Kichererbsenpüree«, sagt die Mutter streng, »mit Schwarzwurzeln und Kürbisschnitzeln. Alles ganz frisch.«

»Hilfe«, schreit Marc, »unsere Mutter wurde von Außerirdischen entführt! Man hat sie ausgetauscht gegen eine, die genauso aussieht, aber in Wirklichkeit ist sie ein Schleimmonster vom Bioplaneten.«

Der Mutter reicht es. Sie überlegt, ob sie ihren beliebten Vortrag über Energie aus frischem Gemüse halten soll oder lieber den über die Verbesserung der Welt durch ökologischen Landbau, entscheidet sich dann aber für eine andere Geschichte: »In Afrika oder Bangladesh wären die Menschen froh, wenn sie so was zu essen hätten!«

»Dann schick es doch dahin, wir geben gerne etwas ab«, sagt Sara und schiebt den Teller mit einer entschlossenen Bewegung von sich.

Etwa zwölf Stunden später in der Nähe von Rangunia, einem kleinen Dorf im Süden von Bangladesh. Ein gelbes Postauto bremst vor einer Doppellehmhüttenhälfte. Der Fahrer hat ein Paket in der Hand und klopft: »Wohnt hier Familie Farooq?«

Eine Frau erscheint in der Tür, umringt von sieben Kindern.

»Ich habe hier ein Expresspaket für Sie, bitte einmal unterschreiben.«

Und schon ist das Auto wieder verschwunden. Aufgeregt wird der Karton geöffnet. Zum Vorschein kommt noch ein Karton und noch einer und ein Brief.

Liebe Frau Farooq, Sie sind sicher froh, etwas zu essen zu haben. Viele Grüße, E. K., steht da und Frau Farooq sagt: »Aha, es ist das Mittagessen von Familie Kantsteiner.«

Die Kinder scheinen enttäuscht, das kleinste beginnt zu weinen. Frau Farooq packt aus. Kichererbsenpüree, Schwarzwurzelgemüse und Kürbisschnitzel. Alles noch warm.

»Na, das wird euch schmecken, Kinder. Halt, wo rennt ihr hin?«

Seufzend isst Frau Farooq einen Teller und schreibt anschließend einen Brief an Frau Kantsteiner: *Vielen Dank für das leckere Mittagessen, aber aus religiösen Gründen dürfen wir niemals Kichererbsen und Kürbis zusammen essen. Und Schwarzwurzeln schon gar nicht. Viele Grüße aus Bangladesh, Ihre Viandrat Farooq*

»Hmmm«, sagt die Mutter und lässt den Brief sinken.

»Waren wohl doch nicht so froh in Bangladesh«, triumphiert Marc.

»Wahrscheinlich sind sie unser Essen nicht gewohnt«, vermutet die Mutter.

Heute gibt es Bulgur mit Mangold und Topinambur. Sara steht kurz vor dem Stubenarrest, weil sie gesagt hat, es sei verboten, biologische Kampfstoffe an Kindern auszuprobieren. Marc hat die Mahlzeit, so gut es geht, mit selbstgemachtem Ketchup bedeckt und versucht, das Essen in die Speiseröhre gleiten zu lassen, ohne die Zunge zu benutzen. Die Mutter sieht seinen teilweise gefährlich anmutenden Verrenkungen mit wachsender Verzweiflung zu. Aber ihr fällt auch nichts mehr ein. Leise sagt sie: »Bei uns zu Hause hieß es früher immer, iss deinen Teller leer, sonst gibt es schlechtes Wetter.«

»Haha«, sagt Marc, »dann müsste es ja hier dauernd regnen. Außerdem, wer soll das denn überprüfen?«

»Na ja«, sagt die Mutter, »das ist nur so ein Spruch gewesen, ich hab ja auch nicht dran geglaubt.«

Es klingelt.

»Das wird der Pizzabote sein, dem hab ich unterm Tisch eine SMS geschickt«, flüstert Sara, springt auf und öffnet die Tür. Vor ihr stehen zwei Männer in himmelblauen Uniformen.

»Für mich die 39 ohne Sardellen und der dahinten bekommt

die 22 mit Paprika«, ruft sie und deutet auf Marc, der die himmelblauen Boten anstarrt.

Die Männer verziehen keine Miene. Der kleinere blättert in einem Ordner und sagt dann: »Du bist also Sara Kantsteiner, 13 Jahre alt, und der Bursche, der uns die ganze Zeit so unverschämt anglotzt, ist dein Bruder Marc, 11 Jahre.«

Marc wird es etwas unbehaglich zumute. Irgendwie unheimlich, die beiden sehen nicht aus, als würden sie viel Spaß verstehen. Seine Mutter bügelt im Wohnzimmer die weißen Oberhemden für Papa und scheint nichts zu bemerken. Das kann ja wohl nicht wahr sein.

»Mutti??«, will Marc rufen, doch er bringt nur ein heiseres Krächzen heraus.

»Junger Mann«, sagt der andere Himmelblaue, »diese Sache geht nur uns was an, eure Mutter halten wir da raus. Jetzt setzen wir uns erst mal und essen ein bisschen was. Du hast sicher mächtigen Hunger, Sara!«

Sara nimmt folgsam wieder am Tisch Platz, wo es sich auch die beiden Männer bequem machen.

»Ach, wir haben uns ja noch gar nicht vorgestellt«, ruft er. »Ich bin Inspektor Ultra und das ist Sergeant Marin. Wir sind vom Tellerdepartment der, äh, Essstörungsstelle.« Beide haben synchron eine himmelblaue Marke gezückt, auf der ihr Porträt und eine Nummer und ein ziemlich amtlich wirkender Stempel zu erkennen sind.

»Bitte lasst euch nicht stören«, sagt der Himmelblaue mit dem Schnauzbart, der sich Inspektor Ultra nennt, und fügt mit einem bedrohlichen Unterton hinzu: »Und esst eure Teller leer.«

»Jaja, wir wollen nur sehen, wie ihr so richtig zulangt und dann sind wir auch schon wieder weg …«, ergänzt Sergeant Marin.

»Ich kann nicht mehr«, stöhnt Marc, der sich, kurz bevor die beiden kamen, den Teller ziemlich vollgeladen hatte, damit die Mutter nicht nach der Mathearbeit fragt.

»Soso«, sagt Inspektor Ultra und lässt sich vom Sergeant die Akten reichen. »Gestern konntest du auch nicht, genauso wie vorgestern, und die 147 Tage davor hast du deinen Teller ebenfalls nicht leer gegessen … – Moment – … tatsächlich war dein Teller zum letzten Mal vor 148 Tagen leer, damals gab es Brathähnchen mit Pommes weil euer Herd kaputt war.«

»Ich, na ja, das stimmt wohl«, sagt Marc betreten, »aber hier gibt es echt immer so ungenießbares Zeug.«

»Keineswegs«, kontert Inspektor Ultra. »Deine Mutter kocht ausgezeichnet, sie benutzt frische Zutaten und …«

»Aber bei den Deutschmanns schmeckt es viel besser«, ruft Marc trotzig dazwischen.

»Hmmm, Delling, Deum, Deuter, ah, Deutschmann, hier haben wir es ja«, befriedigt wirft Sergeant Marin einen Blick in seinen Ordner. »Frau Deutschmann wärmt hauptsächlich Tiefkühlgerichte auf und bestellt zweimal in der Woche etwas beim Pizzaschnelldienst in der Goethestraße, wo Luigi und Pietro gerne Paprika und Käse mit abgelaufenem Haltbarkeitsdatum verwenden. Aber das nur nebenbei, wir sind ja nicht wegen der Deutschmanns hier, sondern euretwegen.«

Er blickt vom Ordner auf, und Sara beginnt sofort ihren Teller leer zu essen. Da lässt sich Marc auch nicht lumpen und hat in Windeseile die ganze Portion vertilgt. Mit einem Stück Zwölfkornbrot wischt er sogar den Teller leer und seufzt tief auf.

»Hervorragend«, sagt der Inspektor, »jetzt gibt es wohl doch keine Überschwemmung in Bangladesh.«

Ein Löffelchen für Herrn Brodhage

Moment mal, wollen Sie behaupten, wenn wir den Teller nicht leer essen, regnet es da?«

»Genau«, sagt Inspektor Ultra.

»Du hast es getroffen«, pflichtet ihm Sergeant Marin bei.

»Das ist doch nur so'n blöder Spruch«, ruft Marc, »Mutti hat es selbst zugegeben, das Wetter hat mit dem Tellerleeressen nichts zu tun, wer soll das denn auch überprü...«

Er bricht mitten im Satz ab, weil ihm Sara gegen das Bein

getreten hat, aber auch, weil er die Sache jetzt langsam begreift.

»Schlaues Kerlchen«, nickt Inspektor Ultra, »aus dem wird noch mal was.«

»Vorausgesetzt er isst ordentlich alles auf«, fügt der Sergeant hinzu und klopft Marc wohlwollend auf den Rücken.

»Aaaber wie …?« Sara weiß gar nicht, ob sie fragen soll, weil die Typen ihr seltsam vorkommen. Aber das Ganze geht ihr doch zu weit und außerdem hat sie einen Verdacht: »Sie sind von der Versteckten Kamera, und das hier ist ein Scherz, oder?«

Jetzt lächelt der Inspektor nicht mehr, und auch der Sergeant legt die Stirn in Falten. Beide springen plötzlich auf, bringen einen Kartenständer in Position, hängen ein merkwürdiges buntes Schaubild auf, wo viele Teller und Regenwolken zu sehen sind, und der Inspektor beginnt mit einem Vortrag, in dem viel von selbstgebrauter Meteorologie und gastronomischer Wolkenbildung die Rede ist. Die Kinder verstehen gar nichts mehr, woraufhin Ultra und Marin beschließen, mit ihnen zu einem »kleinen klimarelevanten Ausflug« aufzubrechen.

»Ich denke, wir müssen hier mal einiges klären«, sagt der Inspektor, als er Sara und Marc die Autotür aufhält, »die großen Zusammenhänge scheinen euch doch noch nicht so ganz geläufig.«

»Scheißwetter«, brummt der Sergeant, denn plötzlich prasseln dicke Hagelkörner auf den ebenfalls himmelblauen Wagen.

»Eberhard Brodhage, wenn mich nicht alles täuscht«, sagt der Inspektor.

»Ich fürchte, da liegst du richtig«, pflichtet ihm sein Kollege bei.

Und schon halten sie in der Eilertstraße 40. Die beiden Männer springen aus dem Auto, drücken auf eine Klingel des dreistöckigen Gebäudes, stürmen hinein und sind nach höchstens einer Minute wieder draußen. Sie zerren einen älteren Mann mit schütterem Haar hinter sich her, der noch eine Serviette um den Hals gebunden hat. Ultra schubst ihn in den Wagen und drückt ihm einen Teller in die Hand: »So, Freundchen, heute wird aufgegessen, ich will mir nämlich nicht den Lack ruinieren.«

Betreten schaufelt der Mann zwei Löffel Erbsensuppe in sich hinein, dann ist der Teller auch schon leer. Der Hagel lässt nach, der Himmel klart auf.

»Geht doch«, freut sich der Inspektor.

»Ich mach das nicht absichtlich, ich kann einfach keinen Teller leer essen«, ruft der Mann verzweifelt, »mein Arzt sagt, so was nennt man Essblockade.«

»Sowas nennt man Altersstarrsinn«, knurrt Ultra.

»... und Widerstand gegen das Tellerdepartment, mein lieber Herr Brodhage«, fügt der Sergeant hinzu.

Eberhard Brodhage muss einen Haufen Papiere unterschreiben, und die Himmelblauen reden ihm noch mal ins Gewissen.

TELLERWÄ

»Herr Brodhage, wir wissen, das Essen auf Rädern ist nicht immer das beste, aber es ist nicht lebensbedrohlich, jedenfalls nicht unmittelbar«, erklärt der Inspektor erstaunlich geduldig. »Mit etwas gutem Willen kriegen Sie das hin und Sie wissen, dass Sie eine Verantwortung tragen, eine große Verantwortung.«

»Jjjja, schon«, murmelt Herr Brodhage.

»Dann wiederholen Sie doch bitte nochmal, was das für eine Verantwortung ist«, fordert ihn Marin mit lauerndem Lächeln auf.

»Ich trage durch mein Essverhalten die Verantwortung für das Wetter in den westlichen Stadtteilen, auf den Umgehungsstraßen und in der Innenstadt. Besonders bei Sportveranstaltungen, Straßenfesten, Flohmärkten und im Sommer während der Öffnungszeiten von Straßencafés kann ich durch das Leeressen meines Tellers einen wichtigen Beitrag zur allgemeinen Zufriedenheit und zur Umsatzsteigerung der einheimischen Geschäftswelt beitragen.«

»Hervorragend, das haben Sie schön gesagt«, der Inspektor ist geradezu begeistert. »Aber jetzt müssen Sie zurück. Man wird Sie schon im Makramee-Kreis vermissen.«

Der Sergeant wendet sich den Kindern zu. »Na, ist euch einiges klar geworden?«

Sara und Marc ist vor allem klar geworden, dass diese beiden ihnen über sind – die wissen einfach über alles Bescheid. Das himmelblaue Auto passiert den Hauptbahnhof und gleitet nun durch die Außenbezirke der Stadt. Wolken sind aufgezogen, es beginnt zu regnen. »So weit reicht Brodhages Einfluss nicht«, erklärt der Inspektor bedauernd.

»Und wer macht das Wetter hier?«, fragt Marc.

»Tja, das wissen wir ehrlich gesagt nicht. Wir vermuten, jemand an der amerikanischen Ostküste. Aber das überprüft unsere Reste-Abteilung gerade. Das werdet ihr alles noch sehen.«

Der Wagen biegt jetzt in eine breite Zufahrtsstraße ein, die nach wenigen Metern himmelblau wird und auf ein himmelblaues großes und sehr gläsernes Bürogebäude zuläuft. Auf dem Dach des Gebäudes steht in großen Buchstaben: »Tellerwächter GmbH«.

»Das hab ich noch nie gesehen, dabei fahren wir hier immer lang, wenn wir zu Oma wollen«, wundert sich Sara.

»Kann man auch nicht sehen«, erklärt Ultra. »Alles streng geheim und abgeschirmt. Stell dir nur mal vor, wenn unsere Informationen in die falschen Hände kämen ...«

»Nicht auszudenken«, sagt Marc mit düsterer Stimme, weil er gerade ein Buch gelesen hat, in dem ältere Damen ständig »nicht auszudenken« sagen. Dabei findet Marc, man kann sich eigentlich alles ausdenken. Das ist das Gute am Denken. Obwohl er sich diesen Inspektor und den Sergeant nicht unbedingt ausgedacht hätte, aber die musste sich auch keiner ausdenken, die waren ja leider schon da. Die konnte er sich jetzt nicht mehr wegdenken. Das las man auch oft, vor allem in der Zeitung. Der Hubschrauber sei aus unserem Leben nicht mehr wegzudenken, stand vor kurzem in einem Artikel. Von wegen. Das ging doch ganz einfach. Marc konnte sich von einer Sekunde auf die andere einfach alle Hubschrauber der Erde wegdenken. Man durfte sich nur keine Hubschrauber wegdenken, wenn man gerade in einem drin saß, das konnte gefährlich werden, dann musste man sich entweder auch noch die Schwerkraft weg- oder einen großen Heuhaufen ausdenken, in den man fallen konnte.

Im Zentrum der Tellerüberwachung

Willkommen in der Zentrale«, sagt der Sergeant nun. Die vier betreten das Foyer der »Tellerwächter GmbH«. Selbstverständlich trägt jeder hier eine himmelblaue Uniform, die allerdings leicht schmuddelig wirkt. Das liegt am Wetter. Die Uniformen passen sich der Farbe des Himmels an, wie ihnen der Sergeant erklärt.

»Dann sind sie nachts also ganz schwarz?«, mutmaßt Sara.

»Schwarz mit einem dezenten Sternenmuster«, bestätigt Inspektor Ultra mit einem gewissen stolzen Unterton in der Stimme.

In der Tellerwächterei, wie Marc das Unternehmen insgeheim nennt, gibt es überraschend viele Angestellte, die schwer beschäftigt durch die Gänge hasten, Aktenordner von einem Büro ins andere schleppen, auf Monitore starren oder mit Zirkel und Geodreieck äußerst altmodisch wirkende Berechnungen durchführen. In einem kleinen Büro sitzt ein alter, bärtiger Mann, der mit einem Schiffssextanten hantiert. »Er bestimmt unsere exakte Position im Universum«, erklärt Ultra, »wir wollen uns hier nämlich nicht nur auf Maschinen verlassen.«

Mit einem gläsernen Aufzug fahren sie ins 32. Stockwerk, wo die Zentrale der Zentrale ihren Sitz hat. Auf Hunderten von Bildschirmen verfolgen die Tellerwächter alle für sie relevanten Vorgänge. Eine Mitarbeiterin wendet sich gleich bei dessen Erscheinen an Sergeant Marin: »Sehen Sie das? Der Teller von Tobias Strauch …«

»Verdammt«, raunzt Marin, »schon wieder leer gegessen.«

»Und es ist bereits sein dritter«, fügt die Mitarbeiterin sorgenvoll hinzu.

»Schalten Sie mal nach St. Anton.«

Auf einem benachbarten Bildschirm erscheinen verzweifelte Menschen an einem bewegungslosen Skilift und drohen der prallen Sonne mit den Fäusten.

»Tja«, sagt Inspektor Ultra, »da seht ihr's selbst, wie alles zusammenhängt. Wir beobachten diesen Tobias Strauch schon seit einigen Monaten, sein Teller ist mit einem großen Skigebiet in Tirol verbunden. Leider hat er einen Riesenappetit und deshalb ist der Schnee dort fast vollständig geschmolzen.«

Sara und Marc starren auf den Bildschirm und sehen die Leute in Österreich erregt herumlaufen; einer wirft sogar einen Stein nach der Sonne.

»Kann man denn da nichts tun?«, fragt Sara, die es nicht mag, wenn jemand wütend wird. Inspektor Ultra sieht sie von der Seite an, reibt sich mit einer Hand das Kinn, und jetzt schmunzelt er sogar ein bisschen.

»Wir könnten ihm natürlich mal die Leviten lesen, so wie euch beiden Schlawinern …«

»Wir können nun wirklich nicht jeden Essgestörten hierherbringen. Das mit euch war eine Ausnahme«, brummt Sergeant Marin.

»Jaja, ist klar«, ruft Marc, der sich wünscht, die beiden hätten auch bei ihnen keine Ausnahme gemacht. Er will eigentlich längst zurück nach Hause, seine Lieblingssendung im Fernsehen hat schon angefangen. Es ist die Zeichentrickserie mit der sprechenden Spülbürste und dem singenden Pürierstab.

Die Warmhalteplatte des Grauens

Der Inspektor hat aufgehört zu schmunzeln, das scheint ihn anzustrengen. Jetzt schaut er zu Sara und sagt:

»Was haltet ihr davon, wenn wir mal zu Tobias fahren und ihm ordentlich Bescheid stoßen?«

»Bescheid stoßen?«, wiederholt Marc.

»Ihm die Meinung geigen, Tacheles reden, ihm zeigen, wo Bartel den Most holt«, knurrt der Sergeant.

»Sie wollen ihm also ins Gewissen reden, so wie diesem Eberhard Brodhage«, folgert Sara.

Keine drei Minuten später sitzen sie zu viert in einem Tellerwächterhelikopter, denn Tobias Strauch wohnt in einer anderen Stadt, das würde mit dem Auto zu lange dauern. Sara und Marc fliegen zum ersten Mal in einem Helikopter, sie sind verständlicherweise aufgeregt, vor allem Marc, der die ganze Zeit angestrengt daran zu denken versucht, dass er sich den Helikopter jetzt auf keinen Fall wegdenken darf. Sie überfliegen einige Wolkenformationen und die zwei von der Essstörungsstelle schütteln die Köpfe und machen sich Notizen. Unter ihnen liegen Städte mit merkwürdigen Namen wie Linsengericht, Baltrog und Gabelsbünden und schließlich erreichen sie Platzdeckchen. Sara und Marc können das Orteingangsschild vom Helikopter aus ganz deutlich erkennen: Platzdeckchen, Samtgemeinde Festessen. In einer Reihenhaussiedlung am Ortsrand landen sie punktgenau auf dem etwa saunahandtuchgroßen Rasenstück. Die Rotorblätter kürzen noch ein paar Kletterrosen und Rhododendronbüsche und schon sehen sie tatsächlich diesen verflixten Tobias in der Küche stehen, wie er sich offenbar zum vierten Mal einen Teller mit Linsensuppe und Rauchendchen auflädt.

»Sieht aber auch wirklich lecker aus, das gibt's bei uns nie«, seufzt Marc.

Sie gehen um das Haus herum und klingeln an der Eingangstür, weil alles seine Ordnung haben soll. Mit beiden Backen kauend öffnet ihnen Tobias und sagt: »Meine Mutter ist nicht da und mein Vater kommt mich erst am Wochenende holen.«

»Wenn er nicht wieder mit dieser Edita unterwegs ist«, brummt Inspektor Ultra resigniert, »dürfen wir mal reinkommen?« Er schiebt sich an Tobias vorbei und macht es sich am Tisch bequem, wo Tobias sich auch nicht weiter stören lässt, sondern beherzt zulangt, die Suppe bleibt schließlich nicht ewig warm.

»Scheint ja mächtig zu schmecken«, schnaubt der Inspektor. »Aber vier Teller sind genau drei zu viel.«

»Fümpf«, sagt Tobias mit vollem Mund, »daf ift der fümpfte.« Er schluckt. »Wollt ihr auch? Es ist genug da!«

Der Inspektor schaut auf den Riesenkessel, der auf dem Herd vor sich hin blubbert, zuckt resigniert die Schultern und fängt dann an zu erklären: Dass in Tirol der Schnee schmilzt, wenn

Tobias so viel isst. Tobias sagt, es würde ihm aber so gut schmecken und außerdem hätte er hier sowieso nichts Besseres zu tun. Die anderen Kinder in der Siedlung wären blöd und Haustiere dürfte er nicht halten, weil die Mutter diese Allergie hätte; kurz und gut, der Junge ist ein schwieriger Fall.

Für schwierige Fälle haben die Tellerwächter natürlich auch ihre Methoden. Das, was sie jetzt gleich zur Anwendung bringen, sieht aus wie eine Art Warmhalteplatte. Sie setzen den leicht widerstrebenden Tobias darauf, knipsen mehrere Schalter an, der Junge scheint zu vibrieren und bekommt auf einmal einen ganz abwesenden Blick.

»Hüpose«, flüstert Marc.

»Das heißt Hypnose, du Knallkopf«, flüstert Sara zurück.

Jetzt fummelt Sergeant Marin an einigen Reglern herum, verstellt ein paar Knöpfe und gibt offenbar eine Art Code ein. Tobias vibriert immer stärker, bis ein Alarmknopf rot leuchtet und die Warmhalteplatte sich von selbst abschaltet. »Wir haben seine Appetitkoordinaten und den Tellerentleerungsgrad verändert«, erklärt der Inspektor. »Der Schmachtkoeffizient wurde heruntergesetzt und der Kohldampfdruck gedrosselt, jetzt müsste es funktionieren.«

»Aha«, sagt Sara, »er isst jetzt also weniger und in diesem Sankt Anton schneit es mehr.«

»Genau«, nickt der Inspektor, »eigentlich isst er gar nicht viel weniger, aber er futtert immer nur die Hälfte von dem, was er sich aufgeladen hat, kippt den Rest zurück und nimmt sich wieder neu. Entscheidend ist, dass er möglichst viel auf dem Teller übrig lässt.«

Das Mobiltelefon von Sergeant Marin klingelt. Er geht ran, nickt und grinst: »Fünf Zentimeter Neuschnee.«

Sie heben Tobias vorsichtig von der Warmhalteplatte und setzen ihn, immer noch leicht benommen, vor den Fernseher.

Auf dem Rückflug liefern die beiden Tellerwächter Sara und Marc zu Hause ab.

»Macht's gut, ihr zwei. Esst eure Teller leer, ihr wisst ja jetzt, welchen Einfluss das haben kann.«

Ein Teller macht noch keinen Sommer

In den nächsten Wochen geht eine merkwürdige Veränderung mit den Kindern vor sich, die auch der Mutter nicht verborgen bleibt. Die beiden essen grundsätzlich alles, was sie auf dem Teller haben. Laden sich allerdings nach Möglichkeit nicht zu viel auf, tuscheln anschließend stundenlang über die Mahlzeit und legen ominöse Tabellen an. Einerseits ist die Mutter froh, dass ihr Rote-Bete-Risotto und die Selleriemousse gegessen werden, andererseits weiß sie, dass das nicht normal ist. Aber aus dem Geflüster der Kinder wird sie auch nicht schlau.

»Ist doch unlogisch«, sagt Marc, »die brauchen in Bangladesh nicht nur Sonne, manchmal ist doch auch Regen wichtig.«

»Eben, und was passiert, wenn wir mal andere Teller kaufen oder wenn mein Teller kaputtgeht? Was ist mit den Frühstückstellern und den kleinen, die wir manchmal zum Kaffeetrinken benutzen?« Sara hat sich schon einen ganzen Fragenkatalog notiert, den sie den Tellerwächtern beim nächsten Zusammentreffen unter die Nase halten will.

»Es kann ja wohl auch nicht egal sein, was wir auf dem Teller haben. Wenn es Pfannkuchen gibt, dann essen wir sechs oder sieben Stück …«

»Acht«, meint Sara, »du isst immer acht Pfannkuchen.«

»Jedenfalls«, wischt Marc den Einwand weg, »müsste es ja dann irgendwo ganz schön heiß werden.«

»Denk bloß an diesen Tobias, was die mit dem gemacht haben, da kam es anscheinend nur darauf an, dass er immer was auf dem Teller gelassen hat.«

Die Kinder nehmen das Essen zu ernst, denkt die Mutter, es soll doch auch Spaß machen. Die beiden sind in Saras Zimmer verschwunden, wo sie sich vor der Weltkarte aufgebaut und Verbindungslinien zwischen verschiedenen Orten gezogen haben. Es sind, um genau zu sein, nur zwei Verbindungslinien, eine von Platzdeckchen nach St. Anton und eine vom Hause Kantsteiner nach Bangladesh. Eberhard Brodhage braucht keine Verbindungslinie, weil er das Wetter vor Ort macht.

»Wie können wir rausfinden, welchen Einfluss die Teller in, na, zum Beispiel der Pizzeria Pepperoni haben?«

Sara überlegt: »Man müsste entweder super viel oder extrem wenig essen, und wenn es dann irgendwo kurze Zeit später ein ganz auffälliges Wetter gibt, dann ist klar, dass da ein Zusammenhang besteht.«

Marc rauft sich die Haare, weil man das in solchen Situationen immer macht. In den Büchern, wo ältere Damen »nicht auszudenken« sagen, raufen sie sich jedenfalls anschließend mit Sicherheit die Haare. Das sind natürlich sehr alte Bücher, heutzutage rauft sich kein Mensch im normalen Leben die Haare, eigentlich weiß niemand mehr genau, wie das funktioniert. Es sagt jedenfalls keiner zum Friseur: Einmal waschen und Haare raufen. Grundsätzlich geht es aber so: Man greift sich einfach irgendwo, am besten seitlich oder von vorne, in die Haare und macht zwei oder drei massierende Bewegungen, schon hat man sich die Haare gerauft und der Sache ist Genüge getan. Man kann sich übrigens auch mit jemand anders raufen, aber bei so einer Rauferei ist es dann mit zwei oder drei massierenden Bewegungen doch nicht getan. Marc hat inzwischen genug gerauft, denn ihm ist etwas eingefallen:

»Wir müssen«, sagt er, »eine Sitzung …«

»… der Holzaugen einberufen«, ergänzt Sara, die sich ihre Frisur niemals zum Denken durcheinanderbringen würde.

Teller außer Rand und Band

In der Zentralzentrale der Tellerwächter geht es seit der Rückkehr von Ultra und Marin rund. Es wird viel geschrien, gefuchtelt und aufgeregt herumgelaufen. Der alte Mann mit dem Sextanten wird nach oben in den Kontrollraum geholt. Und ein noch älterer Mann, der seit Jahren im Keller arbeitet und eigentlich keine anderen Qualifikationen als einen feuchten, aber sehr empfindlichen Zeigefinger aufzuweisen hat, wird ebenfalls umständlich aufgeweckt. Irgendwas scheint nicht zu stimmen, denn mitten im Raum steht eine blonde Frau in einem wunderschönen himmelblauen Kostüm, über das bei genauerem Hinsehen einige dunkle Wolken zu ziehen scheinen. Die blonde Frau ist, so viel lässt sich sagen, höchst indigniert. Sie schreit herum und Inspektor Ultra und Sergeant Marin suchen Deckung hinter dem Sextanten des alten Mannes. Die Frau hat offenbar allen Grund, wütend zu sein: »Ihr Vollidioten! Könnt ihr nicht mal ein paar armselige Teller im Blick behalten? Wofür werdet ihr eigentlich bezahlt?«

Man könnte einwenden, dass es sich doch um mehr als ein paar armselige Teller handelt. Insgesamt hat die Tellerwächter GmbH zu diesem Zeitpunkt 4122 Teller unter ihrer Kontrolle, genauer gesagt: hatte, denn etwas scheint schiefgelaufen zu sein: Auf einigen Monitoren sieht man Bilder von Schneestürmen, ausgetrockneten Böden, Taifunen, Überschwemmungen …

Inspektor Ultra hat sich inzwischen entschlossen, die Standpauke mitten im Raum über sich ergehen zu lassen. Das sieht besser aus. Souveräner. Am Ende wird er die Sache sowieso in Ordnung bringen müssen, das ist jetzt schon klar. Er und Marin, wer sonst?

Die blonde Frau schreit inzwischen etwas leiser und redet schon fast normal: »Ultra«, sagt sie, »Sie müssen das wieder in Ordnung bringen, kommen Sie gleich in mein Büro und bringen Sie den Dings, den Sergeant mit!«

Sie macht auf dem Absatz kehrt und verschwindet hinter einer dicken ledergedämpften Tür.

Inspektor Ultra dreht sich suchend um: »Sergeant Dings, komm her«, und Marin taucht irgendwo aus der Tiefe des Raums auf, als sei nichts weiter passiert. Die beiden verschwinden ebenfalls hinter der Ledertür und sind nach etwa zehn Minuten wieder da. Ultra deutet mit dem Finger auf den älteren Mann:

»Captain Schultz, du bist auch dabei, wir brauchen dich, es geht ums Ganze.«

Der Alte nickt bedächtig, schraubt seinen Sextanten auseinander, packt einen Kompass und ein Barometer ein und folgt den beiden.

Holzauge, sei wachsam

In der Zentralzentrale der Kantsteiners, der Küche, sitzen inzwischen vier Kinder um den Tisch und beratschlagen. Es sind Sara und Marc, ein etwas übergewichtiger Junge und ein Mädchen mit einer übergewichtigen Brille. Der Junge heißt Fido und das Mädchen Marie-Claire. Fido ist die Abkürzung für Finn Detlef Obermeier und Marie-Claire ist die Abkürzung für Vanessa, also eine Art Künstlername. Der »Club der Holzaugen« ist damit vollständig versammelt. Fidos Vater sagt nämlich immer »Holzauge, sei wachsam«, wenn er meint, dass man besonders gut aufpassen soll. Fido hat das sofort recherchiert und herausgefunden, dass man früher Menschen, die gut im Auffinden von Brennholz waren, als Holzaugen bezeichnet hat.

Marie-Claire und Fido zweifeln übrigens keinen Moment daran, dass die Tellerwächter-Geschichte stimmt, denn die Holzaugen haben sich verpflichtet, einander immer die Wahrheit zu sagen: »Sonst könnte man ja keinem mehr trauen«, sagt Fido. Als Detektiv geht man schließlich davon aus, dass der Rest der Welt aus Gaunern besteht, jedenfalls bis sie das Gegenteil bewiesen haben. Deshalb pflegt man im Club diese ungewöhnlich strenge Ehrlichkeit. Die Holzaugen gibt es seit drei Jahren; Sara, Marie-Claire und Fido gehen in dieselbe Klasse im Alfred-Polgar-Gymnasium, und die Mitgliedschaft von Marc hätte man nur verhindern können, »indem man ihn in einer Wanne voll Salzsäure auflöst«, meint Fido, »und das ist gegen das Gesetz, außerdem hätten wir in unserem Alter Probleme, an die Chemikalien ranzukommen«.

Sonst haben die Holzaugen aber alles, was man für einen Detektivclub braucht. Stempel, Briefpapier, Mitgliedsausweise, Geheimtinte und sogar tote Briefkästen, obwohl man die im Zeitalter des Internets eigentlich nicht mehr benötigt. Außerdem hat der Club noch eine Vereinssatzung und eine Clubkasse, in der sich im Moment 3,43 Euro befinden.

Als Sara und Marc zum ersten Mal die Tellerwächtergeschichte erzählen, setzt Fido sofort seinen durchdringenden Detektivblick auf und sagt: »Diese Tellerwächter sind kein Wohltätigkeitsverein, das könnt ihr mir glauben.«

Was aber sind sie dann?

Tobsucht und Möbelrücken

Inspektor Ultra, Sergeant Marin und Captain Schultz machen sich ganz andere Gedanken. Sie müssen die Teller der Welt unter Kontrolle bringen, sonst gibt es Ärger. Im Moment sind sie unterwegs auf Kundenbesuch. Als Erster ist mal wieder Eberhard Brodhage dran und erfährt zu seiner Überraschung, er solle seinen Teller nicht mehr leer essen, jedenfalls nicht jeden Tag. Es sei zu trocken in der Stadt, die Gärtner würden sich beklagen und aus der Kanalisation käme ein merkwürdiger Gestank, der verdürbe den Cafés und Restaurants das Geschäft.

»Könnte ich dann nicht an den Tagen, wo ich aufessen muss, meine Mahlzeit von Feinkost Lautenschläger bekommen?«, fragt der alte Mann überraschend hinterhältig.

Inspektor Ultra mustert ihn verblüfft und ruft in der Zentrale an.

»Okay, Brodhage«, knurrt er, »zwei Mahlzeiten pro Woche von Lautenschläger zum Aufessen, der Rest wie bisher auf Rädern.«

»Und wenn das Zeug ausnahmsweise schmeckt?«

»Trotzdem stehen lassen.«

Das Tellerwächtermobil ist wie üblich himmelblau, aber diesmal handelt es sich um eine Art Lieferwagen mit einem gläsernen Ausguck. In der Kuppel sitzt Captain Schultz und berechnet und berechnet. Sergeant Marin beobachtet ihn eine Weile und sagt dann: »Ziemlich berechnender Typ, dieser Schultz.«

»Ja«, antwortet der Inspektor, ohne auf den Kalauer einzugehen, »gut, dass wir ihn haben. Er kennt praktisch jeden Teller.«

Das ist wichtig. Denn bisher stellt sich die Situation für die Tellerwächter so dar: Es hat ein leichtes Seebeben in der Nähe von Hawaii gegeben, nichts Auffälliges, aber seitdem haben sich offenbar die Tellerkoordinaten verändert. Häufig stimmt die Feinjustierung nicht mehr. Da muss nachgebessert werden, wie Ultra gerne sagt. Außerdem muss bei bestimmten Kunden der Tellerleerungsgrad geändert werden. Zum Beispiel mal wieder bei Tobias Strauch. In St. Anton haben sie jetzt nämlich genug Schnee, mehr als genug. Der Bengel kann wieder reinhauen.

Die Holzaugen sitzen in Marie-Claires Zimmer, weil sie den besten Computer hat, falls man mal was nachprüfen muss. »Erst mal«, doziert Fido, »sollten wir rausfinden, ob das überhaupt stimmt mit den Tellern und dem Wetter.«

»Aber wir haben's doch gesehen«, ruft Marc.

»Quark mit Soße, ihr habt nur Bilder auf Monitoren gesehen, kann man alles fälschen.«

»Und die Nummer mit dem alten Brodhage?«

»Könnte ein Trick gewesen sein«, glaubt Fido.

»Es hat aber sofort aufgehört zu hageln, als er den Teller leer gegessen hatte.«

»Na ja, vielleicht ein Zufall«, gibt sich Fido wenig überzeugt.

»Wir müssen jetzt die Essprobe machen, wie Sara vorgeschlagen hat«, meint Marie-Claire und drückt ihre Brille mit dem Finger fest gegen die Stirn. »Wir gehen in die Pizzeria, bestellen jeder eine Margherita und essen kein Stück davon.«

»Kostet uns schlappe vierzehn Mäuse«, gibt Fido zu bedenken, »und wir haben dann noch nicht mal was im Magen.«

»Dann müssen wir uns einladen lassen, ich frag meine Mutter«, sagt Marie-Claire. Und tatsächlich spendiert die den Vieren je eine Pizza und eine Cola, unter der Bedingung, dass sie wenigstens zwei Stunden wegbleiben, damit sie mal ungestört Sudoku lösen kann.

Marc weigert sich allerdings standhaft, Pizza und Cola einfach so aufzugeben. Endlich hätte er mal die Möglichkeit, was richtig Gutes zu essen, und dann soll er es einfach stehen lassen. Er fängt an zu kreischen, er wolle aber wenigstens seine Cola, doch bevor das ganze Lokal aufmerksam wird, greift Marie-Claire ein und flüstert: »Ich kauf dir gleich einen doppelten Cheese mit ohne alles –«

»Versprochen?«

»Holzaugenehrenwort!«

Das Experiment ist gerettet. Sie lassen ihr Essen geschlossen zurückgehen, weil sie Magenschmerzen hätten. Der sonst nicht gerade großzügige Wirt Giuseppe will ihnen alles einpacken, aber Sara behauptet, sie könnten keine Pizza mehr sehen.

Daraufhin will er ihnen nur die Hälfte berechnen, weil sie doch Kinder wären, aber Fido erklärt: »Wir sind nicht in unserer Eigenschaft als Kinder hier, sondern als Detektive.«

Und überreicht dem sprachlosen Giuseppe 20 Euro.

»Stimmt so.«

Dann spurten die vier zurück zu Marie-Claire, müssen allerdings unterwegs noch an einer Bulettenbraterei anhalten und

Marc den Doppelcheese mit ohne alles kaufen, und das dauert dann doch etwas länger, weil Marc sich nicht entscheiden kann, welche Figur er sich aussuchen soll, die sprechende Klobürste, das sprechende Fensterleder oder den sprechenden Wischeimer. Als die Schlange bis auf die Straße reicht, gibt ihm die genervte Verkäuferin alle drei.

»Sagenhaft«, strahlt Marc.

»Abstoßend«, sagt Fido, »wie kann man sich nur so zum Affen machen.«

Zurück bei Marie-Claire stellen sie die Tagesschau an und warten.

Gescheiterte Friedensverhandlungen, ein gedopter Radfahrer, ein Gesetzentwurf gegen Plastikfiguren in Buletten für Kinder und Jugendliche unter 16 Jahren, ein Stau auf der A5 wegen eines verunglückten Lkw, der Porzellan geladen hatte, die neue Kollektion von Lagerfeld, Staatsbesuch in Kasachstan … Das kann es alles nicht gewesen sein, vielleicht im Wetterbericht? Regen, Sonne, Bewölkung, langweilig, aber da, ein Wirbelsturm, der nur in einem Stadtteil von Hannover aufgetreten ist, zwei Dächer abgedeckt und zwölf Autos zerstört hat.

»Hmmm«, murmelt Fido und klebt sich vor lauter Nervosität einen von den falschen Bärten an, die Sara mal als Detektivzubehör gekauft hat.

»Wwwaren wir das?«, fragt Marie-Claire mit leicht zitternder Stimme.

»Das müssen wir überprüfen, empirisch, wenn ihr versteht, was ich meine«, doziert Fido.

»Nöö«, sagen die anderen drei, und man verabredet sich für den nächsten Tag bei Sara und Marc.

Zur gleichen Zeit in der Nähe von Rangunia (Bangladesh)

Mom, warum kommt denn kein Paket mehr von den Kantsteiners?«, fragt Ampuram, die Älteste der Familie Farooq.

»Wahrscheinlich essen sie jetzt alles selbst. Weiß gar nicht, warum dich das so interessiert«, sagt die Mutter, »es hat euch doch nie geschmeckt.«

»Aber es ist toll, Post zu kriegen, es gibt sonst niemand in unserem Dorf, der Pakete aus Deutschland bekommt.«

»Na ja«, sagt die Mutter zerstreut, während sie die Pläne für neue Halbleiterverbindungen prüft und noch mal die Widerstandswerte mit der Hand berechnet.

Beim Abendessen sagt sie: »Ich glaube, es könnte daran liegen, dass die Kantsteiners nicht genug zu essen haben. Oder gerade genug, um satt zu werden.«

»Geht das denn in Deutschland?«, fragt Bharani, der jüngste Sohn.

»Ich habe einen Artikel im Internet gelesen über Armut in Deutschland und deshalb glaube ich, dass das möglich ist«, sagt die Mutter.

»Da sollten wir aber was tun«, meint Ampuram.

»Wir könnten den Kantsteiners ja Geld schicken«, meint Anoushka.

»Oder was zu essen«, schlägt Param vor.

»Tja, Kinder, vielleicht gar keine so schlechte Idee, ich werde mich mal beim Dorfältesten erkundigen.«

Die Kinder stellen sich noch eine Weile gruselige Bilder von den bis aufs Skelett abgemagerten Kantsteiners vor und überlegen, ob man vielleicht ein Benefizkonzert veranstalten sollte, »Kantsteiner-Live-Aid«. Sie würden Sanuprem Shankar fragen, ob er mit seiner Hip-Hop-Sitar-Band auftritt. Und die Regierung könnte den Kantsteiners vielleicht einen Kredit geben.

Aber dann fällt der Mutter etwas ein: »Wenn es den Kantsteiners wirklich schlecht ginge, dann würde ihnen bestimmt der neue König von Deutschland helfen.«

»Seit wann haben die denn 'n König, wer soll das sein?«, fragt Ampuram.

»Na, dieser Hartz IV., über den steht jeden Tag was im Internet«, antwortet die Mutter.

Wettermachers Sternstunden

Inspektor Ultra, Sergeant Marin und Captain Schultz sind seit beinahe drei Tagen ununterbrochen unterwegs und konnten so gut wie alle unsicheren nationalen Tellerverbindungen neu justieren. Man kann sagen, sie haben das Wetter wieder im Griff. Dabei wurde nach Ansicht von Captain Schultz ein wenig zu oft von der Warmhalteplatte Gebrauch gemacht. Genauer gesagt, eigentlich immer.

»Jaja«, grummelt Ultra genervt, »zu deiner Zeit war das natürlich noch anders, da hatte man noch Zeit, die Leute ausführlich zu folt –, äh, zu überreden, aber du weißt doch selbst, heute muss es schnell gehen. Die Alte spielt sonst verrückt.«

»Die spielt nicht verrückt, die ist verrückt«, glaubt Sergeant Marin, aber Schultz schüttelt den Kopf.

»Das geht nicht mehr lange gut, sag ich euch.«

»Soso, hast du das mit deinem Sextanten rausgefunden?«, amüsiert sich Ultra.

»Ne, das sagt mir die Erfahrung.«

»Vielleicht sollten wir dich auch mal auf die Warmhalteplatte setzen, damit du wieder besser drauf kommst – auf die Warmhalteplatte, meine ich«, kalauert der Inspektor.

Scheint ein vielseitiges Gerät zu sein, diese geheimnisvolle Warmhalteplatte. Nur eins kann sie nicht: Teller warm halten. Captain Schultz hat die Maschine entwickelt, damals, als er zusammen mit dem Mann mit dem feuchten Zeigefinger die Tellerwächter GmbH gründete. Wie die Warmhalteplatte genau funktioniert, verrät er nicht, aber man kann damit den menschlichen Willen beeinflussen. Und das Ausgangsmaterial ist tatsächlich eine Warmhalteplatte, hergestellt in einem kleinen Betrieb in Limoges in Frankreich. Die Tellerwächter GmbH hat Hunderte der Dinger aufgekauft, nach den Plänen von Captain Schultz umgebaut und eingelagert. Zum Wohle des Menschen, wie Inspektor Ultra gerne sagt. Denn das Wetter, sagt Inspektor Ultra genauso gerne, ist die größte Geißel der Menschheit.

Jedenfalls können die Tellerwächter mit sich zufrieden sein. Unter anderem haben sie in den letzten drei Tagen Folgendes geleistet:

In einem alten Schloss im Südwesten von Thüringen, dessen Teller mit allen Zufahrtsstraßen von New York City verbunden sind, haben sie ein wenig die Möbel gerade gerückt worunter man normalerweise nichts Angenehmes versteht, es heißt eigentlich eher, dass man so richtig auf den Putz haut, eine andere, ebenso missverständliche Formulierung. Die Tellerwächter haben also herausgefunden, dass in dem Schloss zwei Tische verschoben worden waren und das Klavier seinen Platz gewechselt hatte. Teller aber werden gerne auf Klavieren abgestellt. Captain Schultz glaubt sogar, dass die meisten Leute sich nur ein Klavier kaufen, um mehr Abstellfläche zu haben. Jedenfalls haben die drei von der Essstörungsstelle wieder alles in den ursprünglichen Zustand versetzt und den Schlossbewohnern eingeschärft, dass sie die Verantwortung für das reibungslose Funktionieren des New Yorker Berufsverkehrs tragen. Und weil sie alle auf der Warmhalteplatte saßen, haben die Schlossbewohner das sofort begriffen.

Das Ehepaar Schwickert aus Herford, dessen Teller mit einem Weinanbaugebiet in Spanien verbunden sind, hatte sein gesamtes Geschirr gerade auf dem Flohmarkt verkauft und gegen neue Teller aus einem schwedischen Pressspanplattenwerk ausgetauscht. Inspektor Ultra hätte um ein Haar einen Tobsuchtsanfall bekommen. Man kann sich natürlich fragen, was so schlimm daran sein soll, wenn einer die Tobsucht hat. Kinder toben ja auch gerne. Die meisten jedenfalls, außer Fido, der von sich sagt, er sei ein strikter Antitober, denn so was untergrabe seine Autorität als Heranwachsender.

Niemand kann sich vorstellen, wie Inspektor Ultra wohl als Kind gewesen ist, weshalb man annehmen muss, dass er diese Entwicklungsphase übersprungen hat und deshalb jetzt zu Tobsuchtsanfällen neigt. Er war nur mit Mühe davon abzubringen, die beiden älteren Herforder auf der Stelle »in ihre Einzelatome« zu zerlegen und sie anschließend »ins Klo zu kippen«. Captain Schultz hat dann herausgefunden, wer das Geschirr gekauft hatte. Er ist zu den Leuten gefahren und weil er tatsächlich wie ein gütiger alter Mann aussieht, hört man ihm gerne zu und glaubt ihm auch völlig hirnrissige Geschichten.

Captain Schultz hat den neuen Tellerbesitzern erzählt, das Geschirr sei das Einzige, was ihm seine Eltern hinterlassen hätten. Er habe es den Schwickerts zur Aufbewahrung gegeben, solange er auf Vogelbeobachtung in Neuguinea gewesen sei, und gestern bei seiner Rückkehr habe er die Bescherung gesehen. Er sei ein alter Mann und hätte keinen anderen Wunsch, als auf seine alten Tage von den elterlichen Tellern essen zu dürfen. In Neuguinea habe er jahrelang ohne jeden Teller leben und seine Mahlzeiten aus einem aufgesägten Affenschädel löffeln müssen. Gekochte Maden mit Qualleneiersalat – und an der Stelle drückte man ihm den Karton mit dem kompletten 32-teiligen Service in die Hand, dazu einen Gutschein für ein Mittagessen im »Goldenen Adler« und wünschte ihm alles Gute für seine letzten Lebensjahre.

Inspektor Ultra hatte inzwischen vor den Augen der entsetzten Herforder »den Schwedenscheiß« in Stücke geschlagen, damit sie den Ernst der Lage begriffen, und dieses Mal hatten sie ausnahmsweise keine Warmhalteplatte gebraucht. »Ein bisschen rohe Gewalt bewirkt oft mehr als tausend Worte«, meinte der Inspektor befriedigt, als sie das alte Geschirr wieder in den Schränken verteilten. Die Schwickerts bekamen einen ausführlichen Essensplan ausgehändigt, der in allen Einzelheiten festlegt, wie viel sie wann essen dürfen. Ein Weinanbaugebiet braucht schließlich eine sehr ausgefeilte Mischung aus Regen, Sonne, Kälte, Wärme, Nebel. Es war also Disziplin bei den

Schwickerts gefragt. Dafür versprach der Inspektor, persönlich dafür zu sorgen, dass sie jedes Jahr drei Kästen Wein umsonst bekämen, das sei schließlich »nur anständig«.

In der Zentrale sind alle sehr zufrieden mit dem Inspektor, dem Sergeant und dem Captain. Ultra wird eine Ernennung zum Chefinspektor in Aussicht gestellt, das heißt, kein Außendienst mehr, und der Sergant könnte bald eine eigene Essstörungsstelle in Pirmasens leiten. Alles in allem eine erfolgreiche Woche für die Tellerwächter.

Pizza Problematika

Beim nächsten Treffen der Holzaugen, es findet mal wieder in der Kantsteiner'schen Küche statt, sind alle sehr aufgeregt, denn es geht um den »endgültigen Beweis«.

In fünf Minuten wird der Club sich in die Pizzeria Pepperoni begeben, dort viermal Pizza Margherita und zur Sicherheit vier Cola (damit die Versuchsanordnung die gleiche ist) bestellen und nichts davon anrühren.

»Ich glaube, dass ist das schlimmste, was ich je in meinem Leben tun werde«, meint Marc.

»Wart's ab«, sagt Fido düster.

Die vier, die da mit hängendem Kopf durch die Pizzeria

schleichen, machen nicht den Eindruck, als würden sie sich besonders auf das Essen freuen. Sie wirken eher so, als müssten sie gleich eine Klassenarbeit schreiben oder als hätte man ihnen gerade mitgeteilt, dass ihr Lieblingmeerschweinchen gestorben ist.

»Na, ihr Wolfsaugen, was wollt ihr denn schon wieder hier?«, fragt Giuseppe, der Chefkoch, Chefkellner und Chefbesitzer in einer Person ist.

»Erstens, Signor Josef, heißt das Holzaugen und nicht Wolfsaugen«, informiert ihn Marie-Claire kühl, »und zweitens würden wir gerne die Karte haben.«

»Oho, die Karte, natürlich, kommt sofort. Ihr benehmt euch so feierlich, was ist los?«

»Firmenjubiläum«, sagt Fido trocken.

»Na, da bring ich euch erstmal Spaghetti bolognese auf Kosten des Hauses, was sagt ihr dazu?«

Seit fast zwei Jahren haben die Holzaugen auf diesen Moment gewartet. Seit dieser Zeit isst täglich mindestens einer von ihnen hier oder nimmt sich was für zu Hause mit. Fido hat nach eigenen Worten schon »die ganze Karte rauf und runter«, denn seine Mutter kocht ungern und sein Vater speist häufig auswärts. Sie sind also längst so was wie Stammkunden, aber Giuseppe ist berüchtigt für seinen Geiz. Marie-Claire hat ihm mal von einem Film erzählt, in dem die Großzügigkeit italienischer Gastronomen gerühmt wurde und wie sie dadurch Gäste gewinnen. Giuseppe hat ungerührt zugehört und erklärt: »Ich hab es nicht vom Ausgeben, sondern vom Behalten.« Es ist also ein ganz großer, ja ein historischer Moment, den sie hier erleben, aber nicht genießen dürfen. Die vier stecken die Köpfe zusammen und flüstern hektisch. Giuseppe steht mit verschränkten Armen daneben und wirkt fast beleidigt, weil die Kinder nicht vor Begeisterung in die Luft springen. Marc greift mehrmals mit schmerzverzerrtem Gesicht an seine Schienbeine, und dann verkündet Marie-Claire mit äußerster Selbstbeherrschung: »Wir nehmen Ihr großzügiges Angebot selbstverständlich dankend an.«

»Das will ich doch wohl meinen, werde mir diesen Tag rot im Kalender anstreichen«, frohlockt Giuseppe, und Fido stimmt ihm zu:

»Doppelt rot, würd ich sagen.«

Die Holzaugen sitzen mit versteinerten Mienen um den Tisch und starren auf das Tischtuch. Marc sieht das rotgewürfelte Muster besonders hasserfüllt an. Zu Hause gab es heute Fenchelgemüse mit Tofuburgern.

Fido bricht das Schweigen: »Nur damit das klar ist, ich zahle alles, ich hab schließlich den Mist mit dem Firmenjubiläum erzählt.«

Die anderen nicken anerkennend, Fido hat Stil, das muss man ihm lassen.

»Prego«, ruft Giuseppe, »quattro spaghetti bolognese alla

casa«, und stellt jedem schwungvoll seinen reichlich gefüllten, dampfenden Teller vor die Nase. Die Holzaugen haben als Stammgäste ihre eigenen Teller, mit einem kleinen Monogramm an der Seite: S. K., M. K., F. O. und M. C.

»Mmmmmh«, macht Sara, ein wenig zu übertrieben.

»Spitzenmäßig«, sagt Fido ohne jede innere Regung.

»Vortrefflich, Maestro«, flötet Marie-Claire und zwinkert Giuseppe zu. Nur Marc sagt lieber nichts, weil es für so eine Situation eigentlich keine Worte gibt.

Giuseppe beobachtet aus dem Hintergrund, gerührt von seiner eigenen Großzügigkeit, wie die vier sich über sein Essen hermachen. Oder vielmehr, wie die vier völlig bewegungslos vor den Tellern sitzen und noch nicht mal die Hände ans Besteck gelegt haben.

»Zu heiß?«, fragt er unsicher.

»Nein, gerade richtig«, ruft Sara mit brüchiger Stimme.

Drei Minuten vergehen. Die Holzaugen sitzen da wie ausgestopft. Um sich so was anzusehen, bezahlen Menschen in Museen Eintrittsgeld. Dann wäre das Ganze in Kunstharz gegossen und ein Schild würde den Besucher informieren: »Vierertisch – Deutschland 2008 – bitte nicht berühren.« Giuseppe hat wenig Sinn für solche Installationen, er will Gäste, die mit Begeisterung reinhauen und den Wirt hochleben lassen.

»Was ist los mit euch? Seid ihr krank?«

»Wir sind fertig, es war ausgezeichnet«, sagt Marie-Claire

kaltblütig und drückt sich die Brille beinahe hinter die Stirn. »Und jetzt hätten wir gerne noch viermal die Nummer 22 und jeder eine Cola.«

Giuseppe kann nicht glauben, was er da hört, weil es nicht zu dem passt, was er sieht. Die vier wollen sich wohl einen Scherz mit ihm erlauben. Oder es ist eine Art Mutprobe. Fido blickt ihm direkt in die Augen und sagt nachdrücklich: »Sie können die Teller jetzt abräumen und die Pizzen bringen.«

Zum Glück kommt in diesem Augenblick die Belegschaft der örtlichen Regenschirmfabrik in den Gastraum, es wird laut und Giuseppe muss Bier zapfen, Brot schneiden und seiner Küchenhilfe Anweisungen geben. Die Holzaugen bleiben weiterhin stumm, nur Sara betrachtet einmal interessiert ihren Teller von unten.

Dann serviert Giuseppe grimmig die Margheritas, natürlich auf den Original-Holzaugentellern, und sagt nur: »Jetzt bin ich ja mal gespannt, ob die Herrschaften immer noch so einen großen Appetit haben.«

»Ja, danke, es war vorzüglich«, sagt Fido, ohne die Pizza anzusehen. Er wirft einen 20-Euro-Schein auf den Tisch, »Stimmt so«, die Holzaugen erheben sich und verlassen die Pizzeria Pepperoni, ohne sich noch einmal umzudrehen.

Eigentlich schade, sie hätten sonst gesehen, wie Giuseppe schweißgebadet vor dem verlassenen Tisch steht, sich theatralisch die Haare rauft und dann zitternd seine Mutter anruft.

Die vier spurten mit knurrenden Mägen zurück zum »Château Kantstein«, wie Marie-Claire das großzügig geschnittene Heim von Sara und Marc zu nennen pflegt. Sie drängeln sich auf der Couch und hören atemlos dem Nachrichtensprecher zu, der von einem Streik in einer Marmeladenfabrik, einer Steuererhöhung, gescheiterten Friedensverhandlungen, Klimaerwärmung und einem neuen Auto mit Scheibenwischwasser aus einer Regenauffanganlage erzählt – und dann wird vor dem Wetterbericht eine Reportage aus Hannover gesendet, wo zum zweiten Mal ein Tornado denselben Stadtteil heimgesucht hat. Diesmal hat er vier Dächer abgedeckt und 24 Autos beschädigt.

»Das waren die Spaghetti«, flüstert Marc beeindruckt.

Tornadoforschung

Auch in der Tellerwächterzentrale ist der Tornado nicht unbemerkt geblieben. Zweimal am selben Ort, das sieht nach einer erstklassigen Tellerverbindung aus. Die Suchmaschinen laufen bereits auf Hochtouren, Captain Schultz zieht mit dem Zirkel Kreise um Hannover und Inspektor Ultra sagt: »Gefällt mir nicht, die Sache. Gefällt mir ganz und gar nicht.«

Als er am nächsten Morgen zum Dienst kommt, stehen vier Kinder vor der Tür.

»Sieh einer an, die Kantsteiners. Habt ihr Junge bekommen?«

»Ja, das sind Fido und Marie-Claire«, stellt Sara vor, »und wir wollten fragen, ob wir unseren Freunden auch mal die Tellerwächterzentrale zeigen dürfen, die glauben uns nämlich nicht.«

Der Inspektor schaut jeden Einzelnen sehr lange und prüfend an. Glücklicherweise tauchen in diesem Moment der Sergeant und Captain Schultz auf.

»Aha«, sagt Sergeant Marin, als hätte er genau mit diesem Anblick gerechnet, und schiebt seine Sonnenbrille auf die Stirn, »hoher Besuch. Habt ihr was ausgefressen?«

»Ausgefressen? Wir denken nur noch ans Aufessen, seit wir Sie kennen«, sagt Sara durchaus schlagfertig.

»Sehr brav«, nickt der Sergeant und deutet dann auf seinen Begleiter: »Das ist übrigens Captain Schultz, ein langjähriger Mitarbeiter. Er hat praktisch das Wetter erfunden. Und das sind«, er macht eine einladende Handbewegung, »Sara und ihr Bruder Marc und …«

»Marie-Claire und Fido«, ergänzt Sara.

»Furchtbar nett, dass Sie uns alles zeigen wollen«, meldet sich Marie-Claire zu Wort. »Ich wollte Sie außerdem noch fragen, ob ich mein Schulpraktikum hier machen könnte.« Sie zieht ein paar Zettel aus der Tasche und hält sie Ultra hin.

»Schulpraktikum?«, sagt der angewidert, als sei er in etwas

Unangenehmes reingetreten. »Das musst du mit der Chefin regeln. So, jetzt rein mit euch, Captain Schultz zeigt euch kurz das Wichtigste, und dann verschwindet ihr wieder. Wir müssen hier nämlich nebenbei auch noch arbeiten.«

»Wir auch«, sagt Marc, »wir haben nur bis zur vierten Stunde frei.«

Sie betreten das Firmengebäude, wobei Marie-Claire gegen die Glastür rennt, weil sie ihre Brille nicht aufhat. »Tarnung«, hatte sie den anderen erklärt. Sie fahren mit dem durchsichtigen Aufzug nach oben, und Fido versucht, sich jeden Handgriff zu merken.

Oben angekommen, staunen alle über die grandiose Aussicht, auch Marie-Claire, die genauso gut in eine Packung Knäckebrot gucken könnte, das sähe für sie nicht anders aus. Schließlich entscheidet sie sich aber doch noch, die Brille aufzusetzen, denn wichtiger als Tarnung ist schließlich der Durchblick.

Sie hält sich dicht an Captain Schultz und versucht, ihren Charme spielen zu lassen, obwohl ihr nicht ganz klar ist, was das sein könnte. Es schadet aber bestimmt nicht, wenn sie hin und wieder mit unnatürlicher Stimme sagt: »Ach, Captain Schultz, Sie erzählen so interessant«, oder: »Haben Sie das wirklich alles selbst erlebt?« Sara und Marc staunen, mit welchen dürftigen Tricks sich so ein erfahrener Wettermacher einwickeln lässt, denn Marie-Claire ist vieles, aber sicher keine gute

Schauspielerin. Fido schlendert ein wenig hinterher, versucht »die Lage abzuscannen« und geht bald seine eigenen Wege.

Er stellt sich mal an den einen Schreibtisch, dann an einen anderen und macht sich Notizen. Er stellt schlaue, aber nicht zu schlaue Fragen an die Tellerheinis, die sich freuen, dass sich einer für ihre Arbeit interessiert und ihm bereitwillig und umfangreich Auskunft geben. Er wirft einen Blick ins Esszimmer der Schwickerts und ins Esszimmer der Rürups – und dann sieht er die Küche der Kantsteiners.

»Und Sie können genau erkennen, was die da essen?«, fragt er so unschuldig wie möglich. Der Mitarbeiter, ein Herr Gluckenstein, erklärt ihm freundlich, das sei nur ein Standbild, aufgenommen beim ersten Besuch vom Essstörungsstellendienstleiter, womit wohl Inspektor Ultra gemeint ist. Erst wenn es weitere Probleme mit dem Teller gäbe, würde man überhaupt Überwachungskameras installieren. Aber bei diesen Kantsteiners sei alles tipptopp gewesen, überhaupt keine Probleme, sehr gute Esser. Fido räuspert sich, er will einfach irgendein Geräusch erzeugen, damit man den Stein nicht hört, der ihm gerade vom Herzen gefallen ist. Sara, Marie-Claire und Marc haben ihren Rundgang inzwischen beendet, viel gibt es letztlich nicht zu sehen. Monitore, Wetterkarten, Satellitenbilder, und irgendwo hängt eine Anzeigentafel: »Now watching: 4356 plates«. Am Ende ihres Aufenthaltes werden es 4360 Teller sein, die überwacht werden.

Dem Teller auf der Spur

Marie-Claire darf jetzt mit der Chefin wegen des Schulpraktikums sprechen.

»Setz dich, du hast genau drei Minuten«, sagt die blonde, attraktive Dame, die sie aus stahlblauen, nein, stahlgrünen Augen anblickt. »Frau Dr. Miriam Blaumann« steht auf dem Schild vor ihr. Also sagt Marie-Claire: »Frau Dr. Blaumann, ich möchte gerne mein dreiwöchiges Schulpraktikum in der Tellerwächter GmbH machen, weil mich das Wetter und seine Zusammenhänge sowie dessen Beherrschbarkeit schon immer interessiert haben. Als ich sechs war, hat mir mein Großvater einen Frosch in einem Glas geschenkt, der bei gutem Wetter eine Leiter hochkletterte, ich habe ein Wetterhäuschen, wo bei schlechtem Wetter ein Paar mit Regenmantel und Regenschirm herauskommt. Mein Vater hat alle Platten der Gruppe Weather Report und ich habe letzten Monat für mein Referat über den Hundertjährigen Kalender eine Eins bekommen.«

Frau Dr. Blaumann schaut sie etwas ungläubig an, dann muss sie tatsächlich lächeln und sagt: »Das waren noch nicht mal 35 Sekunden, alle Achtung. Du hast übrigens einen schönen Namen, Marie-Claire.«

»Ich weiß, aber eigentlich heiße ich Vanessa.«

»Oh«, sagt Frau Dr. Blaumann leicht pikiert, fasst sich aber schnell wieder:

»Ich muss mir deine Unterlagen noch mal genau durchlesen, wir hatten nämlich noch nie eine Praktikantin, aber ich glaube, du bekommst den Job. Wann willst du denn anfangen?«

»Morgen«, sagt Marie-Claire. »Ich hätte da aber noch eine Frage: Wovon wird das hier eigentlich alles bezahlt?«

»Von Spendengeldern«, sagt Frau Dr. Blaumann.

»Also von Geld, dass Ihnen die Leute spenden?«

»Genau«, sagt Frau Dr. Blaumann sehr knapp und bestimmt, und Marie-Claire kann deutlich hören, dass das Gespräch beendet ist.

In der Zentralzentrale hat sich die Stimmung irgendwie verändert, das spürt Marie-Claire sofort. Fast alle umringen einen Monitor, auf dem man Bilder aus Hannover sehen kann. Die Kinder kennen sie schon aus der Tagesschau, inzwischen wurden die meisten Sturmschäden notdürftig repariert. Die Tellerwächter aber haben dank ihres hochempfindlichen Instrumentariums festgestellt, dass die verantwortlichen Teller in ihrer Stadt stehen müssen. Es ist eine Art Fangschaltung, man kennt das aus alten Kriminalfilmen: »Versuchen Sie, ihn noch eine Minute hinzuhalten, Leroy, dann haben wir den Bastard.« Immer enger ziehen sich die Kreise auf dem Monitor, jetzt ist nur noch ein Haus im Bild. »Kopernikusstraße Nr. 24a, Bestattungsunternehmen Letzte Ruhe und Pizzeria Pepperoni – seltsame Kombination, spricht nicht unbedingt für die Qualität des Restaurants«, grinst Sergeant Marin.

»Hoffe nicht, dass die sich gegenseitig beliefern«, kalauert Ultra.

»Du meinst, Pizza Post Mortem, Nr. 666«, prustet Marin überraschend ausgelassen.

»Meine Herren, ich muss doch sehr bitten«, ertönt die Stimme von Frau Dr. Blaumann hinter ihnen. »Keine dummen Witze, es sind Gäste anwesend. Ich würde sagen, ihr bringt die vier wieder nach Hause und seht euch den Laden mal an.«

»Wwir sind mmit dem Fahrrad da«, sagt Marc.

In diesem Moment ruft Captain Schultz begeistert: »Es ist Tisch 17!«

»Im Beerdigungsrestaurant?«

»Ne, beim Pizzabestatter, ihr Schlaumeier.«

Als die Holzaugen gemeinsam mit dem Inspektor und dem Sergeant im Fahrstuhl stehen, ist ihnen höchst unbehaglich zumute, denn Tisch 17 ist natürlich ihr Tisch.

Der Inspektor mustert Marie-Claire mit bohrenden Blicken und knurrt:

»Schulpraktikum, was?«

»Jja, morgen kann ich anfangen.«

Der Inspektor will gerade etwas erwidern, da klingelt sein Telefon.

»Hallo Chefin«, sagt er, »hmmm, ja, okay, wird besorgt … wie? Aha, ja, geht in Ordnung.«

»Was wollte sie denn?«, fragt der Sergeant.

»Wir sollen noch was mitbringen. Einen Frosch im Glas mit Leiter, ein Wetterhäuschen und einen Hundertjährigen Kalender.«

Der Sergeant sieht ihn entgeistert an, und Marie-Claire schaut angestrengt durch die gläsernen Fahrstuhlwände nach draußen, damit man es nicht so deutlich sieht, falls sie doch noch einen Lachanfall bekommt.

Vor der Zentralentür verabschiedet man sich, die Tellerwächter haben es eilig. Die Holzaugen hören noch den Anfang eines Gespräches: »Hast du die Platte mit?«, fragt Ultra seinen Kollegen, »vielleicht müssen wir da einem etwas mehr Appetit machen.«

»Oh, Mist«, sagt der Sergeant, »die Platte liegt noch im Transporter.«

Kaum sind die zwei außer Hörweite, fragt Fido: »Wo steht die Karre von den beiden, Marc?«

Marc deutet auf die schöne himmelblaue Limousine, in der sie bekanntlich schon einige Zeit verbracht haben.

»Gut, wir fahren jetzt ganz langsam dran vorbei. Ihr solltet mich praktisch verdecken.«

»Dazu müssten wir ja zu zehnt sein«, sagt Marc etwas vorlaut.

»Ich glaube, wir halten unterwegs beim Salzsäuregroßhändler an«, zischt Fido und dann sitzen sie auf ihren Rädern, plaudern fröhlich, Sara zeigt nach oben, als ob sie die anderen auf etwas aufmerksam machen will, und ein paar Sekunden später sind sie auf der Straße und treten aus Leibeskräften in die Pedale. Aus der Ferne hört man Geschrei, es scheint vom Tellerwächterfirmenparkplatz zu kommen.

»Was ist denn da los?«, fragt Sara.

»Krähenfüße«, sagt Fido, »trennen die Luft vom Reifen, alter Chemikertrick.« Und natürlich ein alter Detektivtrick, um Verfolger abzuschütteln. Gut, dass Fido immer ein paar Krähenfüße dabeihat.

»Hoffentlich nehmen sie nicht den Hubschrauber, sonst holen sie uns doch noch ein.«

Aber der Inspektor und der Sergeant wollen heute nicht fliegen. Sie lassen den Wagen mit den drei platten Reifen stehen, holen einfach ein anderes Tellermobil aus der Tiefgarage und machen sich zehn Minuten später auf den Weg zu Giuseppe.

Essstörungen

Die Holzaugen haben kaum die Pizzeria betreten, da baut sich Giuseppe vor ihnen auf und sagt nur: »Raus!«

»Hör zu«, sagt Fido, »wir sind wieder normal, wir mussten nur überprüfen, ob, äh …«

»Ob wir die Willensstärke haben würden, auf dein wunderbares Essen zu verzichten«, lügt Marie-Claire erschreckend flüssig. »Wir nehmen in der Schule nämlich gerade den Spruch *Der Geist ist willig, aber das Fleisch ist schwach* durch, kennst du doch, oder?«

»Mein Fleisch ist nie schwach, immer gut durch«, sagt Giuseppe bockig.

»Jaja, das bezweifelt ja auch keiner, aber du musst uns jetzt helfen …«

»Halt«, sagt Giuseppe, »bevor ihr weiterredet, nehmt einen kleinen Imbiss«, und er stellt jedem einen Teller Ravioli hin. »Ich muss mich erst überzeugen, ob ihr wieder klar im Kopf seid.«

Die vier leisten ganze Überzeugungsarbeit. In Rekordzeit verputzen sie die Ravioli, danach die Tortellini à la casa und zum Nachtisch noch für jeden eine halbe Pizza Diabolo, Nr. 666, extra scharf. Erst danach bekommen sie ein Glas Wasser zum Nachspülen, und weil sie kein Krümelchen übrig gelassen haben, ist Giuseppe überzeugt, dass er es wieder mit seinen alten Holzaugen zu tun hat. Obwohl die Geschichte, die ihm Marie-Claire und Fido erzählen, sehr, sehr unglaubwürdig klingt.

»Du musst uns glauben«, ruft Fido, »die sind gleich hier, und dann werden sie uns alle …«

»Auf eine Warmhalteplatte setzen, hehehe, ihr seid mir ein paar Witzbolde.«

»Von wegen Witzbolde, da kommen sie«, schreit Marc, und Fido knipst geistesgegenwärtig das Licht aus. Marie-Claire hängt das Schild »Heute Ruhetag« in die Tür und Giuseppe dreht tatsächlich den Schlüssel zweimal um, bevor sie alle hinter dem Tresen in Deckung gehen.

Sie hören, wie Ultra gegen die Tür klopft und der Sergeant ruft: »Heda, aufmachen, Kundschaft, wir wollen schmackofatzen, dass die Schwarte kracht.«

Aber die fünf rühren sich nicht. Auch nicht, als das Telefon klingelt und auch nicht, als das Faxgerät rattert. Und noch viel weniger, als der Inspektor sagt: »Was sind das eigentlich für Fahrräder hier?«

»Interessiert mich nicht«, hören sie Marin sagen, »ich will nach Hause. Lass uns morgen wiederkommen. Was ist schon so wichtig am Wetter in Hannover.«

Und dann ziehen die zwei ab. Man hört Türen knallen, ein Auto wird angelassen und entfernt sich langsam. Als Giuseppe gerade aufstehen will, sagt Fido:

»Bleib unten, die wissen, dass du da drin bist und von uns ahnen die sicher auch was. Können wir durch den Keller raus?«

»Der führt nur zum Nachbarhaus.«

»Ins Beerdigungsinstitut? Da bringen mich keine zehn Pferde hin«, murmelt Marc.

»Vielleicht reicht ja auch ein dicker Meisterdetektiv«, sagt Fido ungerührt, »kennst du den Totengräber, Giuseppe?«

»Ziemlich gut, das ist mein Bruder Paolo«, seufzt der Pizzabäcker.

Inspektor Ultra und Sergeant Marin sind natürlich nur um den Block gefahren. Sie kennen nun wirklich alle Tricks und haben es sich mit Sichtkontakt zur Pizzeria Pepperoni in einer Parklücke gemütlich gemacht.

»Zäh, der Bursche«, sagt Ultra, »muss man ihm lassen, aber irgendwann wird er rauskommen.«

Es vergeht eine weitere Stunde und langsam beginnt es zu dämmern. Vor der Tür des Bestattungsunternehmers fährt ein großer schwarzer Wagen vor. Zwei Männer steigen aus und schieben vorsichtig einen Sarg auf die Ladefläche. Dann holen sie noch einen zweiten. Ein dritter Mann kommt aus dem Inneren des Ladens, unterschreibt ein Papier, dann klappen sie die Türen zu, und das Auto mit den beiden Särgen fährt weg.

Weil es sonst nichts Besonderes zu sehen gibt, haben sich der Inspektor und der Sergeant das Ganze durchaus interessiert angeschaut.

»Doppelmord«, meint Ultra.

»Oder ein Inder, dessen Witwe sich jetzt mit beerdigen lassen muss«, mutmaßt der Sergeant.

»Ernie und Bert …«

»Simon & Garfunkel …«

»Jetzt reicht's, die hab ich immer ganz gerne gehört«, beschwert sich der Inspektor.

BESTATTUNGEN
Pepper

Mit solchen etwas trüben Scherzen vertreiben sich die Tellerwächter die Zeit, während sie darauf warten, dass sich in der Pizzeria endlich etwas rührt.

Gegen 22 Uhr geben sie schließlich doch auf.

»Könnte schwören, der Bursche ist da drin«, sagt Ultra.

»Bleib locker, es geht doch nur um Hannover«, beruhigt ihn der Sergeant, der den den ersten Gang eingelegt hat und sich sehr geschmeidig in den Verkehr einfädelt.

Begräbnis 1. Klasse

Puh«, schnauft unterdessen Marie-Claire in der heimischen Garage, »dachte schon, das überleb ich nicht.«

Sie klettert aus einem der Särge und stöhnend folgt ihr Sara, die unter ihr liegen musste. »Fido, du Trampel, ich bin platt wie eine Briefmarke«, tönt es jetzt aus dem zweiten Sarg.

»Na, allein dafür hat sich die Aktion gelohnt«, freut sich Fido und er hat wirklich allen Grund dazu.

»Das war filmreif«, sagt Marie-Claire, »Flucht im Sarg, darauf muss man erst mal kommen.«

Paolo verabschiedet sich mit Leichenbittermiene und sagt: »Mein Beileid, Herrschaften. Beim nächsten Mal geht ihr aber wieder bei Giuseppe raus.«

Bei Marie-Claire ist niemand zu Hause, deshalb hat man sich hier exhumieren lassen.

»Also«, sagt Fido, »ich erzähl euch jetzt mal, was ich glaube. Die Tellerwächter GmbH beschäftigt etwa 70 Leute, das ist eine ganze Menge. Sie verfügen über modernste Technik, Fortbewegungsmittel aller Art, sie können nach einer gewissen Zeit jedem Teller einen, sagen wir, Einflussbereich zuweisen.«

»Wie funktioniert das?«, fragt Sara.

»Der Teller muss sich auffällig verhalten, also so wie unsere Teller bei Giuseppe beispielsweise. Dann wird da irgendeine Art Schwingung oder weiß der Geier was erzeugt, die wirklich nur mit hochempfindlichen Geräten wahrnehmbar ist, und dann können sie das zurückverfolgen. Hast du ja selbst mitbekommen.«

»Und wieso sind die plötzlich bei uns aufgetaucht?«

»Genau, so extrem habt ihr euch doch gar nicht verhalten«, findet Marie-Claire.

»Der Grund ist er …«, sagt Fido und deutet zum Fernseher, wo Marc mit offenem Mund den Kampf der sprechenden Kehrschaufel gegen den sabbernden Teigschaber verfolgt.

»Marc?«

»Ja, er muss der Schuldige sein. Denn ich nehme mal an, dass er sein Essen in einem unbeobachteten Moment verschwinden ließ, also einfach zurück in den Topf geschüttet hat.«

»Macht er manchmal«, sagt Sara.

»Macht er immer«, sagt Fido, »und deshalb hat es in Bangladesh dauernd geregnet und die Tellerheinis konnten die Verbindung herstellen. So denk ich mir das zumindest.«

»Aber was haben die für ein Interesse an den Tellern? Ich hab die Blaumann gefragt, woher das Geld kommt, und sie sagt, die Leute spenden es. Man spendet aber nur an eine wohltätige Einrichtung, sonst kriegt man keine Bescheinigung und kann es nicht von der Steuer absetzen«, konstatiert Marie-Claire.

»Die Tellerwächter sind aber eine GmbH und kein eingetragener Verein«, sagt Sara.

»That's right, my dear Watson«, frohlockt Fido.

»Also, sie machen schlicht und einfach Geld mit dem Wetter«, folgert Marie-Claire. »Je mehr Tellerverbindungen sie kennen, umso mehr Einfluss haben sie auf das Wetter.«

»Genau: Ein schlichter Fall von Erpressung. Sagen wir mal, ein Bauer braucht Regen für seinen Acker, dann rufen die ihn an und sagen ihm, sie könnten das arrangieren. Und dann bringen sie irgendeinen Herrn Müller dazu, dass er immer was auf dem Teller lässt, wofür der Bauer natürlich blechen muss.«

»Genial!«, meint Marc, der an sein Taschengeld denkt.

»Oder dieses Skigebiet, die würden natürlich einiges dafür zahlen, wenn man ihnen Schnee garantierte, und dank Tobias Strauch ist das ja wohl tatsächlich möglich.«

»Dann müssten wir sie eigentlich anzeigen«, sagt Sara.

»Glaubt uns kein Mensch, die halten das alle für Quatsch.«

Fido schüttelt den Kopf. »Es gibt nur eine Möglichkeit, wir müssen die Tellerwächter ausschalten, bevor sie, tja, die Tellerweltherrschaft an sich gerissen haben, also bevor sie praktisch jeden Teller kontrollieren und wir alle auf Warmhalteplatten fesgeschnallt sind.«

»Und wie soll das gehen?«, fragt Marie-Claire.

»Das wirst du rausfinden, wenn du morgen dein Praktikum beginnst.«

Die Praktikantin des Grauens

Marie-Claire ist nicht ganz wohl bei dem Gedanken an dieses Praktikum. Erstens gibt es natürlich gar kein Praktikum, nicht in der 7. Klasse, aber das wissen die Tellerheinis wahrscheinlich nicht. Fido hat ihr auch schon eine erstklassige Entschuldigung für die Schule geschrieben. Aber zweitens und viel schlimmer werden die sich inzwischen einiges zusammengereimt haben und ahnen, dass die Holzaugen ihnen auf der Spur sind. Fido sagt zwar: »Die wissen ja nicht, dass wir die Holzaugen sind, sondern halten uns für irgendwelche neugierigen Kinder.«

Trotzdem ist es bestimmt nicht ungefährlich, ausgerechnet jetzt in der Tellerwächterzentrale ein Praktikum zu beginnen, aber wie schon wieder mal Fido sagt: »Es muss sein, Marie-Claire.«

Und sie soll ja nicht alleine gehen.

Inspektor Ultra sitzt währenddessen mit dem Sergeant und dem Captain in der Zentrale und blickt düster vor sich hin: »Diese verdammten Kinder haben sich in den Särgen versteckt.«

»Du spinnst, Ultra, das würden Kinder niemals machen, außerdem, wie sollen die uns gefährlich werden? Am Montag schnappen wir uns diesen Pizzabäcker, setzen ihn auf die Warmhalteplatte und dann haben wir Hannover im Griff«, sagt der Sergeant.

»Ich weiß, wann mich jemand verarscht«, kläfft der Inspektor, »und diese Brut ist dabei, uns gehörig zu verarschen.«

»Tja«, seufzt der Captain, »ich habe wirklich viel für Kinder übrig, ich war ja selbst mal eins, aber mit denen stimmt was nicht, da hat dein Kumpel recht.«

»Genau, Schultz, dir macht keiner was vor. Morgen früh sollte eigentlich diese Brillenschlange hier antanzen und ihr Praktikum beginnen. Bin gespannt, ob die kommt. Sehr gespannt.«

Als Marie-Claire am nächsten Morgen vor der Tellerwächterzentralentür steht, ist sie nicht allein.

»Aha, Sie sind also Herr und Frau Bunselmeier, die Eltern von Vanessa«, sagt Frau Dr. Blaumann leicht verwirrt.

»Genau«, sagt Herr Bunselmeier, »wir wollten mal gucken, wo unsere Tochter in den nächsten drei Wochen arbeiten wird, wenn Sie erlauben.«

»Natürlich, sehen Sie sich ruhig um«, sagt die oberste Tellerwächterin noch verwirrter, »ich muss ein wenig Papierkram erledigen, dann führe ich Sie gerne herum.«

»Danke«, flüstert Marie-Claire ihren Eltern zu. Die Verwirrung von Frau Dr. Blaumann ist verständlich, weil Marie-Claires Eltern nicht die geringste Ähnlichkeit mit ihrer Tochter haben. Kein Wunder, handelt es sich doch um Giuseppe und seine Küchenhilfe Mathilda, die hier einen sehr überzeugenden Auftritt hinlegen.

Frau Dr. Blaumann kann sich einfach nicht von dieser merkwürdigen Familie losreißen, und weil sie die drei nicht immer nur anstarren will, sagt sie: »Also, verstehen Sie mich nicht falsch, aber Ihre Tochter und Sie sehen sich überhaupt nicht ähnlich.«

»Das sagen viele«, antwortet Giuseppe.

»Wir haben sie adoptiert, als sie noch ein Baby war«, fügt Mathilda hinzu, und jetzt atmet Frau Dr. Blaumann erleichtert auf. Irgendwie war ihr nicht ganz wohl bei der Sache.

Marie-Claire blickt sich vorsichtig um und sieht weder den Inspektor noch den Sergeant. Die beiden bewachen nämlich wieder die Pizzeria Pepperoni, das hat Fido schon ganz richtig vorausgesehen. Eine aufgeregte Gruppe von Tellerwächtern hat sich um einen großen Monitor aufgebaut, wo man einen Haufen Trümmer sieht. Ein Reporter erklärt gerade, dass das mal Hannover war. Marie-Claire bekommt einen roten Kopf, ihr fällt das Versöhnungsessen bei Giuseppe ein, die Ravioli, die Pizzen – das war wohl zu viel für Hannover.

Doch Marie-Claire hat jetzt Wichtigeres zu tun, ihr bleibt nicht viel Zeit, um die Informationen zu bekommen, auf die die anderen warten. Sie muss irgendwie rausfinden, wie viele Tellerverbindungen es in ihrer Stadt gibt. Sie fragt einfach mal.

»Zwölf verifizierte und eine muss noch nachgewiesen werden«, antwortet ein Mitarbeiter mit langen Rastalocken.

»Aha, und wo sind die alle?«

Der Rastamann schaut sie misstrauisch an, aber Marie-Claire sieht mit ihrer dicken Brille derart hilflos aus, dass man ihr keine Hinterlist zutrauen würde. Der Tellerwächtermitarbeiter ruft eine Seite auf, gibt ein Passwort ein, das sich Marie-Claire sofort einprägt, und zeigt ihr dann einen Stadtplan mit zwölf Wetterhähnen. Einer bei Sara und Marc, einer bei Herrn Brodhage und die Pizzeria Pepperoni ist nur mit einem Kreuz markiert, die muss ja noch verifiziert werden. Die anderen Stellen kennt Marie-Claire nicht.

»Wessen Teller hat denn eine Verbindung zu unserer Stadt?«, fragt sie so harmlos wie möglich. Auch da gibt es einen Plan.

Es sind offenbar genau drei. Herr Brodhage ist klar und die beiden anderen merkt sie sich automatisch, weil Marie-Claire ein phänomenales Gedächtnis für alles hat, was sie sich merken will. Dass es drei Tellerverbindungen gibt, die direkt das Wetter in der Stadt beeinflussen, ist höchst selten. Aber genau deshalb haben die Tellerwächter ihren Hauptsitz auch hier gebaut.

Marie-Claire bedankt sich, geht an ihren Schreibtisch und gibt sofort alles an Fido durch, der gerade mitten in einer Erdkunde-Arbeit ist, aber trotzdem einsatzbereit.

»Und Ihre Tochter interessiert sich also schon immer für Meteorologie«, hört man Frau Dr. Blaumanns Stimme im Hintergrund.

»Jaja«, sagt Giuseppe, »diese Meteore, das findet sie sehr interessant.«

»Ach ja?« Frau Dr. Blaumann zieht eine Augenbraue hoch und zückt ihr himmelblaues Handy.

»Ultra, wo seid ihr? – Immer noch? – Kommt sofort her, diese Brillenschlange führt irgendwas im Schilde und sie hat sehr verdächtige Eltern dabei«, raunt sie in ihr Telefon und zwar so, dass weder Giuseppe und Mathilda noch Marie-Claire es hören können. Aber Marie-Claire braucht auch nichts zu hören, sie kann Lippenlesen. Schlagartig wird ihr schlecht und sie bemerkt, dass ihre Höhenangst ihr wieder schwer zu schaffen macht. Ihre Eltern müssen sie leider mit nach Hause nehmen. Während sie noch den Notizblock und ihr Handy von ihrem

Schreibtisch holt, beteuern die leicht überrumpelt dreinblickenden »Bunselmeiers«, dass diese Anfälle meist schnell vorübergingen. Marie-Claire haucht ein »Hoffentlich bis morgen, Frau Dr. Blaumann«, verabschiedet sich mit einem flüchtigen Händedruck und zerrt ihre Leiheltern zum Fahrstuhl. Unten warten jedoch bereits der Inspektor, der Sergeant und Captain Schultz. Immer näher kommt die Fahrstuhlkabine den drei gefährlichen Tellerwächtern ... Der Inspektor telefoniert, wahrscheinlich erfährt er, wer ihm gerade entgegenschwebt.

Als sie noch zwei Stockwerke entfernt sind, drückt Marie-Claire auf Stopp und der Fahrstuhl hält an. Schnell steigt sie aus und sagt: »Ihr fahrt nach unten, euch kennen die nicht.«

Als Giuseppe und Mathilda aussteigen wollen, werden sie aufgehalten: »Moment, Herrschaften. Ihre Papier, bitte!«

Der Inspektor hält ihnen seine Marke entgegen, die zwar zu nichts berechtigt, aber eindrucksvoll aussieht. Marie-Claires Leiheltern zücken ihre Personalausweise.

»Wen haben wir denn da«, sagt Ultra befriedigt, »den verlogenen Pizzabäcker und, ich nehme mal an, seine Küchenhilfe.«

»Und wo ist die Brillenschlange?«

»Bitte wer?«

»Ihre Leihtochter, diese Marie-Claire«, erklärt der Sergeant pseudogelangweilt.

»Nixe kenne, Marie-Claire!« Vor Angst fängt Giuseppe an zu radebrechen.

»Vanessa Bunselmeier«, kommt ihm Captain Schultz zu Hilfe.

»Ah, Vanesa, die isse oben und arbeitet«, stottert Giuseppe.

»Na, dann fahren wir doch mal gemeinsam hoch und schauen nach, wie sich Ihr Töchterchen so macht, was, Signor Bunselmeier?« Und damit schließt Inspektor Ultra die Türen und Giuseppe und Mathilda sitzen in der Falle. Der Fahrstuhl bewegt sich aufwärts und Marie-Claire sieht, wie ihre totenbleichen Leiheltern an ihr vorbeigleiten; sie meint sogar das Wort Warmhalteplatte gehört zu haben.

Über die Feuertreppe gelangt sie nach draußen, wo ein Taxi mit geöffneter Tür direkt vorm Eingang steht.

»Steig ein«, sagt eine wohlbekannte Stimme vom Rücksitz, und Fido gibt dem Taxifahrer die Anweisung, sie zurück in die Stadt zu chauffieren.

»Was ist mit Erdkunde?«, fragt Marie-Claire, die sich neben ihm auf den Rücksitz niedergelassen hat.

»Hab ich vorzeitig abgegeben, Auswertung von Temperaturgrafiken, nichts Großartiges«, sagt Fido. »Viel wichtiger: Wir müssen handeln. Ich weiß jetzt, was diese Tellerwächter vorhaben. Sagt dir das Wort Klimaerwärmung was?«

»Na ja, da reden doch jetzt alle drüber, hat mit dem CO_2-Ausstoß und so zu tun.«

»Hauptsächlich hat es aber mit den Tellerheinis zu tun. Mit Frau Dr. Blaumann und ihren Spießgesellen.«

»Wie, die erwärmen das Klima?«

»Sehr richtig. Im Moment sind es nur ein paar Zehntelgrad, weil sie ja noch nicht so viele Teller unter Kontrolle haben, aber es werden täglich mehr, und irgendwann können sie die Erde zum Kochen bringen.«

»Und wie?«, fragt Marie-Claire entsetzt.

»Indem wir alle brav unsere Teller leer essen«, antwortet Fido düster.

»Und was haben die davon?«

»Sie verdienen Geld damit. Kaufen Aktien von Solarenergieunternehmen oder Deichbaugesellschaften, wenn die Pole schmelzen. Und natürlich werden sie irgendwann anfangen, Regierungen zu erpressen. Sie werden über kurz oder lang das Klima regulieren können, wie es ihnen passt.«

»Und kann man da gar nichts tun?«

»Doch«, sagt Fido, »wir müssen sie einfach ausschalten.«

Kampf der Essgestörten

Fünf Minute später sitzen alle Holzaugen wieder bei Kantsteiners in der Küche.

Dank Marie-Claires kurz geratenem Praktikum – tatsächlich hat es nur 43 Minuten gedauert – haben die Holzaugen einiges erfahren. Und weil Marie-Claire sich das Passwort gemerkt hatte, konnte Fido sich in das Tellerwächterüberwachungsprogramm einloggen.

»Ich konnte alles sehen, was die machen, leider nur zehn Minuten, dann haben sie gemerkt, dass jemand bei ihnen spioniert. Tatsache ist: Bei der Tellerwächter GmbH handelt es sich um eine Organisation, die es sich zum Ziel gesetzt hat, das Klima zu erwärmen. Punkt.«

»Dann sind die Flugzeuge, Autos und Kühe gar nicht schuld?«

»Doch, die auch, aber dank den Tellerwächtern wird alles noch viel schneller gehen. Sie kontrollieren jetzt schon 5496 Teller, und sie gehen davon aus, wenn sie 5500 haben, können sie die Temperaturen weitgehend manipulieren.«

»Dann fehlen ihnen nur noch vier Teller?«

»Ja, und die stehen bei Giuseppe, wie wir wissen. Aber Giuseppe haben sie noch nicht unter Kontrolle, noch nicht ganz. Die Frage ist, was sollen wir tun?«

Die vier Holzaugen schauen sich fragend an. Dann richten sich alle Augen auf Fido, weil sie hoffen, dass der schon einen Plan hat. Doch Fido schweigt.

Da ruft Marc: »Wir müssen sie mit ihren eigenen Waffen schlagen! Das sagt der sprechende Handtuchhalter jedenfalls immer.«

Fido will gerade aufstehen und Marc maßregeln, da sagt Sara:

»Halt, er hat recht. Wir haben doch jetzt die Tellerverbindungen für unsere Stadt. Wir müssen einfach so geschickt essen oder nicht essen, dass die Tellerwächter aufgeben.«

»Sehr gute Idee«, sagt Fido, »und wir müssen sofort damit anfangen, denn sie sind mit Sicherheit schon unterwegs hierher. Wenn Giuseppe und Mathilda erst mal auf der Warmhalteplatte sitzen, wissen sie Bescheid.«

»Habt ihr genug zu essen im Haus?«, fragt Marie-Claire.

»In der Tiefkühltruhe ist jede Menge und im Kühlschrank lagert der Einkauf vom Biomarkt«, sagt Sara.

»Okay, dann fangt an zu kochen und aufzuwärmen, wir müssen jedes verfügbare Nahrungsmittel auffahren.«

Marie-Claire und Fido radeln etwa 200 Meter weiter zur Familie Gebauer, deren Teller mit Bärenmotiven für das Wetter in der ganzen Siedlung verantwortlich sind. Es ist niemand zu Hause, also verschafft sich Fido mittels Dietrich und Kreditkarte (zwei alte Detektivtricks) Zutritt zum Haus, sackt die Teller ein und fährt wieder zurück zu Sara und Marc.

»Marie-Claire, du fährst zum alten Brodhage«, sagt Fido, »ihr könnt gemeinsam die Zufahrtsstraßen und die Innenstadt aufmischen, das wird ihm Spaß machen.«

Die Tellerwächter wissen inzwischen über alles Bescheid. Sie wissen, dass Giuseppe die vier noch fehlenden Teller hat. Sie wissen auch, dass diese Teller den Holzaugen gehören und dass die Holzaugen viel zu viel wissen. Deshalb sind der Inspektor, der Sergeant und Captain Schultz gerade vom Firmenparkplatz losgefahren, um ein für alle Mal für Ruhe zu sorgen. Diesmal sind sie mit der Gehirngulaschkanone unterwegs. So nennen die Tellerwächter ihre gefährlichste Waffe. Ein Lastwagen, dessen gesamte Ladefläche aus einer Warmhalteplatte besteht. Über eine Art Wasserwerfer können sie die Energie dieser Warmhalteplatte auf jeden Menschen übertragen und dadurch dauerhafte Ess- und andere Verhaltensstörungen auslösen.

Kaum sind sie auf der Zufahrtsstraße zur Innenstadt, beginnt es zu regnen.

»Brodhage«, sagt Ultra, »den knöpfen wir uns später vor.«

Doch der Regen nimmt sintflutartige Ausmaße an. An ein Weiterkommen ist nicht zu denken, was natürlich seinen Grund hat. Marie-Claire hat für den alten Brodhage 100 Portionen bei Feinkost Lautenschläger bestellt und die legen sie im Akkord auf Brodhages Teller und kippen sie wieder zurück in die Packung. Solange Brodhage nichts isst, regnet es immer stärker.

Ganz anders sieht die Situation bei Kantsteiners aus. Sara, Fido und Marc essen zügig einen Teller nach dem anderen leer, und benutzen dazu die Bärenteller aus Gebauer'schen Beständen. Das zeigt Wirkung: Die Temperaturen in der Umgebung steigen auf über 50 Grad, der Asphalt beginnt in dem Moment zu schmelzen, als die Tellerwächter mit der Gulaschkanone auftauchen.

»Das sind die Kantsteiner-Kinder«, brüllt der Inspektor und fordert über Funk den Helikopter an: »Holt uns hier raus!«

Währendessen versinkt der Wagen immer tiefer im Asphalt, die Menschen in der Einkaufszone haben sich bis auf die Unterwäsche ausgezogen und versuchen, so viel Wasser wie möglich zu trinken. Der Tellerwächterhelikopter senkt sich vorsichtig herab und wirkt zumindest kurzfristig wie ein gigantischer Ventilator. Da bricht ein Sandsturm los, der Helikopter muss wieder hochsteigen, wirft aber noch eine Strickleiter aus, an der sich Ultra, Marin und Captain Schultz festhalten können.

»Verdammt, verdammt, verdammt«, schreit der Inspektor, »wenn ich diese Bestien erwische!!«

Weit ist es nicht mehr bis zu den Kantsteiners. Die Kinder futtern und futtern. Sie laden sich ganz kleine Portionen auf und schaffen es so, zehn Teller in der Minute leer zu essen.

Der Sandsturm wird immer dichter, der Helikopter kommt ins Trudeln, der Pilot will abdrehen, da hört der Sturm plötzlich auf. Es ist nichts mehr zu essen im Haus. Selbst den Pichelsteiner Eintopf aus dem Keller mit dem Haltbarkeitsdatum aus dem letzten Jahrhundert haben die Kinder verputzt. Sie hören, wie sich ein Hubschrauber nähert, die Büsche um das Haus beginnen schon zu zittern, da klingelt es an der Haustür. Die Tellerwächter können es noch nicht sein. Sara öffnet und draußen steht ein Paketbote. Er wischt sich den Schweiß von der Stirn und sagt: »Post für Kantsteiner. Bitte hier quittieren.«

TELLERWÄCHTE

Es ist ein Riesenpaket, Absender Familie Farooq. Der Hubschrauber setzt zur Landung im Garten an. Marc reißt das Paket auf und blickt auf eine gigantische Schüssel Chicken-Curry mit Reis. Das Care-Paket aus Bangladesh für die Kantsteiners.

Die Kinder fangen wie die Wahnsinnigen an zu essen und der Sturm bricht erneut los, gerade als der Inspektor aus dem Helikopter springt und über den Rasen läuft. Er schafft es noch bis zur Terrassentür, dann begräbt ihn eine gewaltige Sandlawine, die gerade vom Dach rutscht.

Der Anfang nach dem Ende

Hurra«, ruft Sara, »wir haben es geschafft!«

»Was habt ihr geschafft, warum schreist du so laut«, fragt die Mutter verblüfft.

Sara schaut sich um und blickt in das entgeisterte Gesicht ihres Bruders. Sie muss wohl kurz eingenickt sein. Das passiert ihr in letzter Zeit öfter, wenn es Schwarzwurzelgemüse gibt. Zum Glück hat sie offenbar alles nur geträumt. Die Mutter räumt seufzend den Tisch ab, Sara hat wie üblich noch etwas auf dem Teller gelassen. Regen prasselt gegen die Scheiben.

»Halt«, ruft Sara, »ich hab doch noch nicht zuende gegessen.«

Die Mutter wirft ihr einen langen Blick zu und stellt Sara den Teller wieder vor die Nase, Sara isst schnell und mechanisch weiter. Ihr Bruder sitzt derweil schon vor dem Fernseher. Die Mutter deutet aus dem Fenster in den Sonnenschein und sagt: »War nur ein kurzer Schauer. – Hast du schon gesehen, nebenan ziehen neue Leute ein.«

Sara blickt eher desinteressiert aus dem Fenster und betrachtet angestrengt kauend den blauen Lkw mit der Aufschrift »Tellerwächter GmbH«. Ach so, denkt sich Sara, deshalb hab ich diesen Blödsinn geträumt.

»Ist wohl irgend so eine Sicherheitsfirma«, meint die Mutter, die jetzt zur Tür geht, weil es geklingelt hat. Als sie öffnet, steht vor ihr ein Mann in einer blauen Uniform und sagt: »Guten Tag, ich wollte mich nur kurz vorstellen, mein Name ist Daniel Ultra, und ich ziehe mit meiner Firma im Nachbargebäude ein.«

»Ach«, sagt Frau Kantsteiner, »das ist ja nett, also mein Name ist Kantsteiner, und das«, sie deutet zum Tisch, wo Sara mit leichenblassem Gesicht den Besucher anstarrt, »ist meine …«

»Ihre Tochter Sara«, sagt Herr Ultra stirnrunzelnd, »ich weiß, wir hatten schon mal das Vergnügen.«

ANHANG
Geheime Wetterzusammenhänge

Es gilt heute als eine gesicherte Erkenntnis der Meteorologie, dass es eine Verbindung zwischen Essgeschirr und dem Wetter gibt. Wissenschaftler vermuten, dass solche Zusammenhänge schon vor einigen tausend Jahren bekannt waren und Stonehenge möglicherweise als eine Kultstätte zur Beeinflussung des Wetters diente. In der Nähe von Salisbury wurde das Skelett eines steinzeitlichen Tellers neben Überbleibseln von Wolken gefunden, was auf einen meteorologischen Zusammenhang hindeutet. Es scheint dabei nicht ganz unerheblich, welche Teller zum Einsatz kommen und was sich auf den Tellern befindet. Im Folgenden deshalb eine kurze Einführung in die Grundlagen der Abakologie (griech.), der Wissenschaft vom Teller.

Große, flache Teller stehen oft in Verbindung mit Stadtteilen von Landeshauptstädten, können aber auch das Wetter in der Umgebung von Buchhandlungen mit eher einfachem Angebot beeinflussen.

Suppenteller, Suppenterrinen wirken auf unbeheizte Freibäder, Tiefgaragen und Tiefebenen. Lässt man klare Suppen übrig, kann es zu Regen kommen, bei undurchsichtigen Mahlzeiten wie Linsen- oder Erbsensuppen können Reste zu Hagel- oder Graupelschauern führen.

Dessertschälchen wirken auf das Wetter in kleinen Ortschaften mit überwiegend übergewichtiger Bevölkerung.

Plastiktabletts Ihre Wirkung ist noch nicht komplett erforscht, sie scheinen sich aber auf die Gesamtwetterlage auszuwirken. Besondere Vorsicht ist also bei Kantinenbesuchen geboten.

Pizzaschachteln haben eine starke Verbindung zu Gegenden mit Einkaufspassagen, Gefängnissen oder Studentenheimen.

Kartoffelbrei Werden größere Mengen davon auf einem tiefen Teller zurückgelassen, kann die damit verbundene Gegend mit erheblichen Erdbewegungen rechnen.

Mehr lesen, mehr wissen:

Hans Zippert
Das Weltwissen der 48jährigen
288 Seiten mit 20 Schaubildern.
Gebunden.
ISBN 978-3-7254-1406-2

Schon mal von Discountärzten, der Zwiebelkrise und Massenuhrhaltung gehört? Nein? Dann müssen Sie unbedingt nachlesen, was Hans Zippert an Weltwissen gesammelt hat. Der ehemalige Chefredakteur der *Titanic* nimmt in seinen Kolumnen das menschliche Dasein mit all seinen Begleiterscheinungen unter die Lupe und bringt dabei aktuelle Debatten auf den Punkt. Eine feine, manchmal gemeine Lektüre.

»Immer lustig, oft brillant – die meisten Zippert-Texte sind es wert, auswendig gelernt zu werden.«

Mitteldeutsche Zeitung